Prestige

BMW 100 ANS d'innovations

Sylvain Reisser

E.T.A.I

SOMMAIRE

BMW i8 Concept Spyder

PRÉFACE

Chère lectrice, cher lecteur et passionnés d'automobile,

Fêter un anniversaire est toujours une source de joie. Fêter un centenaire, c'est un rendez-vous de l'Histoire. L'histoire de notre marque BMW que vous revivez au fil des pages, par un parcours chronologique, riche de nombreux événements qui ont émaillé les cent années écoulées, démontre sa capacité à rebondir, à faire rêver et à anticiper tous les aspects de la mobilité individuelle.
C'est fort de son fabuleux héritage que notre firme se projette de manière décisive dans son prochain siècle d'existence. En effet, le numéro un mondial du marché Premium et du Luxe automobile se doit de jouer un rôle pionnier sur l'évolution des produits automobiles, motos ou vélos qui sont et resteront longtemps encore des instruments fondamentaux de mobilité et donc de liberté dans la société. Associés à de nouveaux services et ouverts à l'intermodalité, ils compléteront idéalement l'offre de mobilité collective, avec un niveau de sécurité, confort, connectivité, luxe, performance et efficience inimaginables il y a quelques années encore !
Pour moi, l'histoire de notre marque BMW évoque émotion, fierté et inspiration.
L'émotion naît de l'histoire incroyablement riche de notre marque : avec le développement des moteurs d'avion en ligne, en étoile et la première génération de réacteurs.
BMW, Bayerische Motoren Werke a activement contribué à écrire l'épopée de l'aviation, puis de la moto et de l'automobile. BMW a conçu des moteurs de 1 à 28 cylindres, avec une prédilection pour les mythiques flat-twins et les 6 cylindres en ligne. Sur un tout autre registre, les liens étroits que la marque a créés avec le monde de l'art : les inédites BMW de compétition des 24 Heures du Mans, peintes par Roy Lichtenstein, Andy Warhol ou Alexander Calder ont par exemple incarné l'art et la vitesse dans les années 1970.
La fierté est celle d'œuvrer pour le groupe leader sur le marché Premium et Luxe automobile. Notre volume de ventes, qui a largement dépassé les 2 millions d'unités en 2014 est certes l'indication quantitative du leader mondial, mais nous considérons que la forte assise financière permettant de donner le *la* en investissement sur les nouvelles technologies, la digitalisation, l'automatisation et l'électrification est plus importante encore. Tout comme l'engagement depuis 1973 dans le développement durable et la mobilité future, qui a trouvé son apogée avec la création de la marque BMW i, "i" pour innovation.
Nous démontrons que le plaisir de conduire est parfaitement compatible avec le développement durable et la digitalisation de l'automobile.
L'inspiration et le respect émergent naturellement de la considération de l'immense palmarès de la marque dans tous les domaines sportifs, de l'admirable mécanique déployée par les BMW M.
Les hommes demeurent cependant les auteurs de notre succès. L'extraordinaire capacité des 116 000 employés de BMW Group dans le monde, l'inventivité de nos équipementiers, et particulièrement celle de nos 10 000 chercheurs, ingénieurs et techniciens prompts à innover, à se réinventer tout en cultivant les gènes et facteurs de succès de la marque en témoignent. Seuls ceux qui savent d'où ils viennent, savent aussi où ils vont et comment se projeter résolument dans un avenir fascinant !
La France avec près de 1 000 personnes, ses réseaux exclusifs particulièrement motivés, contribue amplement à la dynamique globale du groupe.
En conclusion, je tiens à remercier la maison d'édition E-T-A-I et l'auteur Sylvain Reisser pour leur initiative et le superbe ouvrage que vous tenez dans vos mains !
Je vous souhaite une bonne lecture, et espère que vous contribuerez à écrire l'histoire BMW du nouveau siècle qui s'ouvre à nous.

Serge Naudin
Président du Directoire de BMW Group France

2362

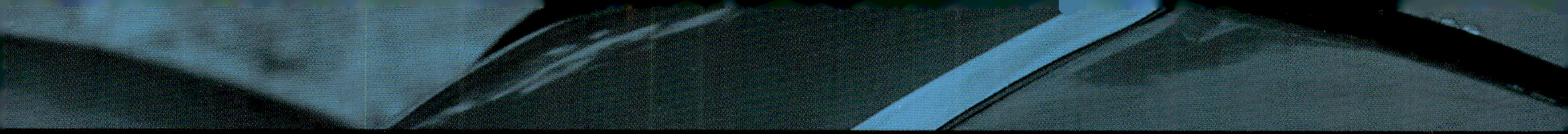

1

LA NAISSANCE D'UN FLEURON DE L'INDUSTRIE

Après un démarrage dans le ciel avec la construction de moteurs d'avions, l'activité de la Bayerische Motoren Werke, plus connue sous les initiales BMW, redescend sur terre et investit, au cours des années 1920, les industries encore balbutiantes, mais pleines de promesses, de la moto et de l'automobile. En l'espace de quelques années, Munich se taille une belle réputation dans les trois secteurs.

DES DÉBUTS DANS LES AIRS

La Bavière, dit-on, est le Land des surdoués. Louis II de Bavière, parent de la dynastie française des Bourbons, rêvait d'en faire un paradis sur terre. Napoléon en avait fait un royaume. Bismarck la rétrograda au statut indigne de province vaincue, de vassale. Mais la Bavière continue en Allemagne d'être un État dans l'État. Si le centre de gravité politique du pays s'est déplacé en Prusse, Munich demeure le centre mondial du premium automobile. C'est en effet dans la capitale de la Bavière que les entreprises qui ont donné naissance à la Bayerische Motoren Werke (BMW) ont été portées sur les fonts baptismaux. C'était hier. Il y a cent ans.

⊕ L'ASSOCIATION RAPP-OTTO

L'Europe est à moins d'un an de se précipiter dans la guerre lorsque l'ingénieur Karl Rapp s'établit dans les dépendances d'une ancienne usine de vélos, en bordure d'un camp d'instruction à Oberwiesenfeld, dans la banlieue nord de Munich. Les lieux accueillent un aérodrome. Avec le soutien de l'homme d'affaires Julius Auspitzer, Rapp crée la Rapp-Motorenwerke, spécialisée dans la fabrication de moteurs d'avions. Ancien salarié de la Daimler-Motoren-Gesellschaft, ingénieur confirmé de la société Flugwerk Deutschland GmbH installée à Aachen et à Munich, Rapp ne tarde pas à mettre à profit la solide expérience qu'il possède dans ce domaine. Le 1er août 1914, l'Allemagne déclare la guerre à la Russie et, le 3 août, à la France. Les premiers coups de canons retentissent. La Première Guerre mondiale a changé de visage. Une partie de la victoire se joue désormais dans les airs. Les usines de construction aéronautique tournent à plein régime. Ce secteur connaît un essor sans précédent. Encore faut-il avoir les reins suffisamment solides pour participer à son expansion. À un autre bout de l'aérodrome, Gustav Otto occupe, lui aussi, des hangars où il opère depuis 1910. La mécanique coule dans ses veines. Quarante ans plus tôt, son père, Nikolaus Gustav Otto, a inventé le moteur à quatre temps. Les deux ingénieurs, Karl Rapp et Gustav Otto, parlent le même langage. Le rapprochement s'effectue naturellement. Le 7 mars 1916, la Bayerische Flugzeugwerke AG est déclarée au registre du commerce de la ville de Munich. Les affaires lui sourient. Austro-Daimler, l'ancienne filiale autrichienne de Daimler, lui sous-traite la production sous licence de deux cent vingt-quatre moteurs d'avion. À condition de présenter des garanties suffisantes.

⊕ BMW FÉDÈRE DE MULTIPLES COMPÉTENCES

C'est alors qu'intervient le financier viennois Camillo Castiglioni. Membre du conseil de surveillance et actionnaire d'Austro-Daimler, ce banquier flaire immédiatement la bonne affaire et s'emploie à faciliter la signature du contrat. Non content d'acquérir une grande partie des actions de Rapp, il procède à une augmentation de capital à l'automne 1916. La commande de l'administration viennoise est conditionnée à la présence d'un émissaire chargé de suivre la fabrication des moteurs V12 affichant une puissance de 350 ch. Avant l'arrivée de l'hiver, Franz-Josef Popp, lieutenant de réserve de la marine austro-hongroise, ingénieur diplômé et expert du ministère de la Guerre de la monarchie austro-hongroise, pose donc ses valises en terre munichoise, le temps de l'accomplissement du programme. C'est ce qu'il pense. Il ne repartira jamais. Il se passionne rapidement pour l'entreprise. Il fourmille d'idées. Il soutient le recrutement de Max Friz, un ingénieur déçu de Daimler qui vient spontanément proposer ses services. Ce motoriste s'avère une recrue de choix. Il reprend l'étude de son moteur d'avion haute altitude qu'il n'a pu mener à son terme chez Daimler. Voler à une altitude plus élevée que ce que les avions de l'époque autorisent représente un avantage stratégique indéniable pour gagner la bataille du ciel. Au sein de la Bayerische Flugzeugwerke AG,

La société Otto-Werke s'installe en 1910 à Milbertshofen, dans la banlieue nord de Munich, sur le site de l'aérodrome d'Oberwiesenfeld. Son activité se répartit entre plusieurs bâtiments.

Né le 12 janvier 1893, Gustav Otto hérite de son père la passion de la mécanique. Parmi les pionniers de l'aviation, il se spécialise dans la construction de moteurs d'avions.

Quelques années seulement séparent ces deux photos. La vue aérienne prise à la fin de la Première Guerre mondiale montre que la Bayerische Motoren Werke s'est considérablement étendue (en haut).

on est convaincu qu'une telle mécanique peut procurer un atout commercial majeur. Le principe d'un moteur de cylindrée surdimensionnée et affublé d'un rapport volumétrique élevé reprend une solution explorée par Wilhelm Maybach chez Daimler, mais abandonnée. Max Friz y ajoute sa touche personnelle. Il opte pour un six-cylindres en ligne (déjà), ce qui garantit un équilibre des masses optimal et un faible niveau de vibration. Les dimensions relativement élevées des composants imposées par la très grosse cylindrée de 19 litres et le rapport volumétrique sont compensées par le recours à l'aluminium pour le bloc-cylindres et les pistons. Particulièrement moderne, le projet de Friz se signale par un ensemble culasse et cylindres inséparable et des chemises simplement vissées dans la culasse. De fait, ce moteur se dispense d'un joint de culasse, tandis que le graissage repose sur un dispositif à carter sec et l'alimentation sur un double allumage. Le composant le plus innovant de ce moteur est évidemment le carburateur "spécial Friz". Permettant de voler à haute altitude, ce carburateur est composé de trois chambres de mélange. En juillet 1917, bien que les études ne soient pas encore achevées, la Reichswehr passe commande de six cents exemplaires de cette mécanique d'exception. Vexé d'être relégué dans l'ombre, Rapp prend sa retraite. Otto, lui aussi, est parti. Popp se retrouve propulsé directeur technique de l'entreprise. Il coupe le cordon ombilical avec les fondateurs en donnant une nouvelle identité à la société.

Le potentiel de la Bayerische Flugzeugwerke AG, l'ancêtre de BMW, ne laisse pas insensible Camillo Castiglioni. Le financier viennois joue les entremetteurs dans la signature d'un contrat important de fourniture de moteurs avant de participer à une augmentation de capital.

En 1918, l'entreprise fête la construction du cinq centième moteur d'avion BMW IIIa (en haut). Un article paru en 1915 dans le *Münchener Illustrierte Zeitung* présente Karl Rapp, l'associé de Gustav Otto, face à l'un de ses bancs d'essai.

UN NOUVEL ÉLAN BRISÉ

Le 21 juillet 1917 naît la Bayerische Motoren Werke, plus connue sous l'abréviation BMW. Dans la foulée, le logo choisi par Rapp et singeant une pièce d'échec en forme de cheval est remplacé par un emblème renvoyant aux origines aéronautiques. Représentant deux pales d'hélice en rotation sur fond des couleurs bavaroises, bleu et blanc, le logo BMW n'a pas beaucoup changé au cours des cent ans. Les trois lettres initiales de la nouvelle entité juridique sont toujours placées au-dessus du cercle dans un cadre noir. Le nouveau logo est enregistré à l'office des brevets le 5 octobre 1917. Le premier moteur BMW prend son envol sur un biplan Rumpler C. IV le 23 décembre suivant. Il porte la dénomination IIIa donnée par les militaires et le nouvel emblème. La supériorité technique des moteurs BMW est récompensée par un afflux de commandes. En août 1918, BMW change de raison sociale et devient une société anonyme. Popp endosse les habits de directeur général. L'entreprise emploie alors trois mille cinq cents collaborateurs. À Munich, comme dans toute l'Allemagne, on

Franz Zeno Diemer en tenue de pilote s'apprête à prendre les commandes de son avion équipé du moteur haute altitude de BMW développé par Max Friz, ici à gauche.

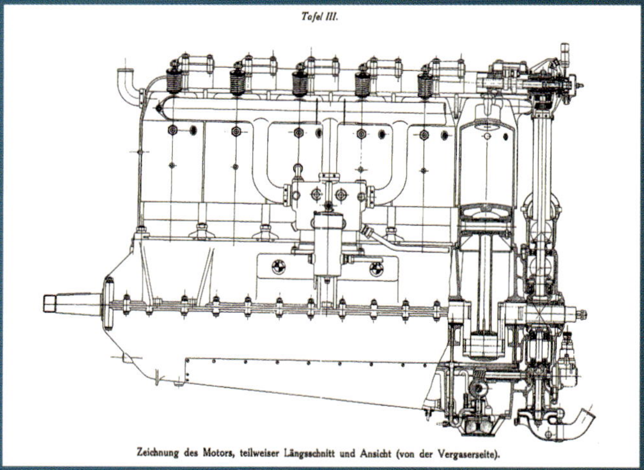

Au cours de ses premières années d'existence, BMW développe une multitude de versions de moteurs. Certains d'entre eux se mettent en évidence en établissant des records dans le ciel, mais aussi sur les rails. Le moteur V12 Vi de 1931 propulse l'autorail Schienenzeppelin à près de 230 km/h sur le parcours Berlin-Hambourg.

ne tarde pas à déchanter. Sur les zones de combat, le rapport de force s'est inversé. Les puissances alliées prennent l'avantage. Les Allemands sont obligés de reculer. L'empereur Guillaume II et sa famille s'enfuient aux Pays-Bas. Louis III de Bavière disparaît lui aussi. Le 11 novembre 1918, l'armistice est signé à Rethondes. Le 28 juin de l'année suivante, les délégués allemands apposent leur paraphe au bas du diktat imposé par les vainqueurs. Les exigences des Alliés sont un désastre pour l'industrie d'outre-Rhin. L'Allemagne se voit interdire l'artillerie lourde, les chars et une aviation de guerre. Le traité de Versailles signe l'arrêt de mort des activités de BMW. Quelques jours avant le rendez-vous des Yvelines, la Bayerische Motoren Werke voulait encore y croire. Elle envoie le pilote d'essai Franz Zeno Diemer tester le nouveau moteur BMW IV à six cylindres de 250 ch sur un avion DFW CIV. Visiblement, le dernier bébé de Friz est bien né. Après une première tentative avortée le 9 mai, le 17 juin, il tutoie la stratosphère durant un vol de quatre-vingt-neuf minutes. La barre a été fixée à 9760 mètres d'altitude! Jamais personne auparavant n'a encore atteint pareille altitude. Sans cabine pressurisée, ni oxygène: ce record relève de l'exploit. Si Popp réussit à assurer la pérennité de l'entreprise en diversifiant sa production, il n'est pas question pour autant de tirer un trait sur l'expérience acquise dans le domaine des moteurs d'avions. Les sanctions ne durant qu'un temps, il faut se tenir prêt pour le jour où les Alliés desserreront l'étau.

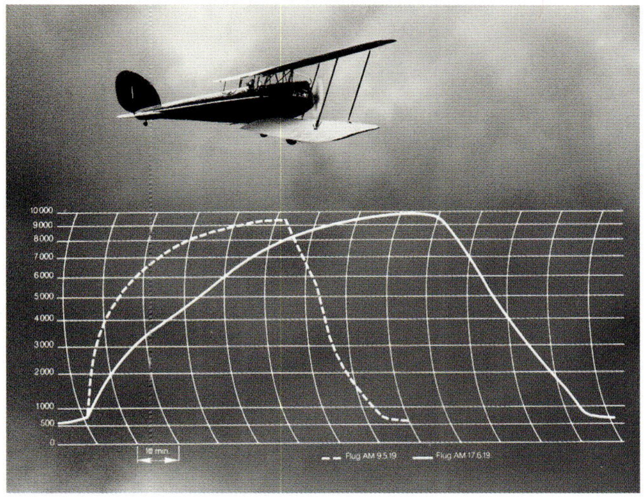

⊕ LA POLYVALENCE DES MOTEURS

Au milieu des années 1920, on se rend compte que les ingénieurs n'ont pas chômé pendant la période de restriction. Les cartons fourmillent de réalisations. Un quatre-cylindres M4 A12 45/60 PS de 8 litres de cylindrée à un arbre à cames en tête est prêt à l'emploi. Une publicité vante la polyvalence de cette mécanique baptisée "le moteur de Bavière". Bateaux, autorails, camions, tracteurs: les applications sont multiples et variées. Sur les établis trône aussi le minuscule moteur M2 B15: un bicylindre de 494 cm^3 délivrant 6,5 ch imaginé par Martin Stolle, directeur d'usine chez BMW. Sa destination va bientôt éclore. Dans le ciel, BMW poursuit sa moisson de succès. Ses moteurs d'avions raflent vingt-huit records mondiaux dans toutes les catégories: puissance, vitesse, altitude, distance, durée. Max Friz donne naissance à un douze-cylindres en V de 580 ch. Ce moteur constitue une véritable prouesse technologique. Il recourt à l'aluminium et au magnésium pour réduire son poids. Au début des années 1930, le V12 propulse à près de 230 km/h l'autorail Schienenzeppelin, un train doté d'un moteur à hélice à air comprimé à l'arrière.

B M W
185 P.S.
45/60 P.S.
Bayern-Flugmotor.
Bayern-Bootsmotor.

LA MOTO, PREMIER MOTEUR DE LA DIVERSIFICATION

Bijou de technologie, le moteur à deux cylindres opposés à plat transversal (M2 B15), réalisé en aluminium, pèse à peine 31 kg. Munich a prévu de le proposer aux nombreux fabricants de deux-roues. S'il est si moderne, pourquoi ne pas l'installer sur une machine de sa propre conception ? Cela devient une réalité en septembre 1923, au *Salon de Berlin*. La première moto de l'histoire de la marque, la R32, profite de l'expérience acquise dans le domaine aéronautique tant pour ce qui est des matériaux que du concept de construction. À la différence de la concurrence, attachée à une transmission par chaîne ou par courroie, BMW recourt à une architecture par arbre beaucoup plus fiable et nécessitant peu d'entretien. L'année suivante, le jeune ingénieur Rudolf Schleicher, artisan de la culasse en alliage léger, confirme les dispositions sportives de la R32 en remportant la course de côte de Mittenwalder Steig, empochant au passage le meilleur temps de la journée. Quelques mois plus tard, le constructeur dévoile la R37, une exécution course de la R32 affichant la bagatelle de 16 ch.

Avec cette moto à l'origine d'une lignée à succès, Ernst Henne fixe un record mondial à 216,75 km/h sur le circuit de l'Avus. Sur terre ou dans le ciel, rien ne semble résister à BMW. À la fin des années 1920, les moteurs d'avions continuent de repousser les limites de la raison. Les records tombent en rafale. Les avions dotés de moteurs BMW s'accaparent vingt-neuf des quatre-vingt-sept records établis durant l'année 1927.

Après la Première Guerre mondiale, BMW débute la diversification de ses activités. Alors qu'il promeut la polyvalence de ses moteurs dans le domaine de l'aviation civile et des bateaux, il se lance dans la production de motocyclettes. Rudi Reich contribue à l'élaboration de la R32, la première moto BMW et le premier modèle au monde à recevoir un moteur flat-twin.

BMW

Dans le domaine des motocyclettes, BMW démontre l'excellence de ses choix technologiques en multipliant les records de vitesse. Dès le 19 septembre 1929, au guidon d'une puissante machine, le pilote Ernst Jakob Henne atteint la vitesse exceptionnelle de 216 km/h sur Ingoldstaedter Strasse, au nord de Munich. Huit ans plus tard, avec une machine de 500 cm^3 dotée d'un compresseur et habillée d'un carénage aérodynamique, Henne fixe une nouvelle référence à 279,5 km/h. Son record tiendra quatorze ans.

DE LA MOTO À L'AUTOMOBILE

Dans les locaux de la direction générale, une autre partie se joue. Le développement de l'entreprise impose de renforcer les structures financières. Plusieurs augmentations de capital sont décidées. À l'occasion de l'une d'entre elles, le Dr. Emil Georg von Strauss entre au conseil de surveillance en qualité de représentant de la Deutsche Bank. En 1927, il devient président de la Bayerische Motoren Werke. Une situation que Camillo Castiglioni interprète comme un signe de défiance. Il vit mal de devoir céder une partie de son influence. Entre les deux financiers, les relations se dégradent. Bien que leurs motivations répondent à des inclinations différentes, les deux hommes réussissent néanmoins à s'entendre sur les grandes décisions qui engagent l'avenir de la société. Ils se rejoignent sur la nécessité d'enrichir leur portefeuille d'une activité de construction d'automobiles. Pas question cependant de partir d'une feuille blanche. La croissance externe est la meilleure voie pour gagner un précieux temps. Emil Georg rêve de créer un géant en associant Daimler et Benz, qui viennent de fusionner,

BMW accède à l'automobile à la fin de l'année 1928 en faisant l'acquisition de l'entreprise Fahrzeugfabrik Eisenach AG, en proie à des difficultés financières.

à BMW. Cette opération ne pose aucune difficulté : il est président du conseil de surveillance des deux entreprises. Le 15 avril 1926, le rapprochement devient une réalité. Le Dr. Wilhelm Kissel, le patron du Directoire de Daimler-Benz, et Franz-Josef Popp, pour BMW, ont donné leur accord pour la signature d'un contrat d'alliance. Selon les termes de la fusion, Stuttgart fabriquera les moteurs d'avions et, sous la marque Mercedes, des voitures. De son côté, Munich se spécialisera dans la moto et les moteurs d'avions et pourra aussi produire une petite voiture. Cette dernière n'est autre que la Dixi, née au sein de l'Eisenacher Fahrzeugfabrik

⊕ DIXI, UNE AUSTIN PRODUITE SOUS LICENCE

Cette filiale de la Gothaer Waggonfabrik, fondée par Heinrich Ehrhardt en 1896, a été rachetée par BMW dans le cadre de sa stratégie d'extension de ses activités à l'automobile. Longtemps moribonde, l'entreprise d'Eisenach, pressentant la crise sociale des années 1920 en Allemagne, a eu la sagesse d'acquérir, à partir de 1927, chez Austin en Angleterre une licence pour produire une voiture bon marché. Baptisée Dixi en Allemagne, cette voiture porte le nom de Datsun au Japon et de Rosengart en France. En passant dans le giron de BMW, la Dixi devient la 3/15 PS DA 1 pour Dixi-Austin. À la fin du premier semestre 1929, en réponse aux critiques formulées par les automobilistes allemands, Popp dévoile une deuxième version baptisée DA 2. Quelques améliorations ont été apportées, notamment au niveau de la tenue de route et de la ligne qui s'inspire de la Rosengart. Cette année aura été fatale à Camillo Castigliani qui, au bord de la faillite, doit céder toutes ses actions de la Bayerische Motoren Werke à un consortium bancaire. BMW n'est pas non plus épargné par l'onde de choc provoquée par le krach boursier du 24 octobre 1929 à Wall Street. Le nombre des collaborateurs chute de trois mille huit cents à deux mille neuf cents en 1931. Sur la même période, le chiffre d'affaires recule de sept millions de reichsmarks, passant de trente-quatre millions à vingt-sept millions.

Depuis 1927, le constructeur d'Eisenach commercialise en Allemagne sous la marque Dixi l'Austin Seven dont il a acquis la licence. Répertoriées sous la référence Dixi 3/15 PS Type DA1, les premières automobiles BMW rencontrent un vif succès.

Durant l'année 1932, il dégringole encore à vingt millions de reichsmarks, mais BMW a stabilisé ses effectifs à deux mille huit cents personnes. Munich réussit à surmonter sans trop de dommages les conséquences de la crise grâce à ses multiples activités et au statut que lui procure son avance technologique. Dans le domaine automobile, la 3/15 PS absorbe mieux le choc de la chute des marchés que ses concurrentes en raison de son positionnement en milieu de gamme et du retentissement qu'apportent ses victoires dans le rallye des Alpes de 1929 et dans celui de Monte-Carlo (classe), au début de l'année suivante. La baisse des profits et les difficultés n'ont pas fait vaciller le projet de mariage avec Daimler-Benz.

Pour accompagner le développement de son activité automobile, BMW se structure et crée un réseau de distribution. De vastes showrooms investissent le centre des villes comme celui de Berlin où a lieu la présentation de la première BMW Dixi. La compétition devient un vecteur de communication. Cette stratégie réussit puisque, en 1929, l'équipe BMW remporte le rallye international des Alpes. De retour à l'usine d'Eisenach, les vainqueurs sont accueillis en héros. On reconnaît sur la photo les principaux artisans de la victoire : Paul Köppen, Albert Kandt, Willi Wagner, Max Buchner, Dr. Arnold Neubroch et Leo C. Grass.

DES SUCCÈS EN CASCADE

Durant la décennie 1930, BMW consolide sa position de leader dans le domaine de la fabrication des moteurs d'avions. Son programme de production s'étend à de nouvelles technologies. BMW se rapproche des firmes américaines Hornet et Pratt & Whitney, expertes du moteur en étoile refroidi par air, et signe un contrat de construction sous licence. Il ne se contente pas de reprendre des technologies éprouvées, mais il apporte sa patte. À partir d'une cylindrée inchangée, le moteur à neuf cylindres en étoile, après passage dans les ateliers munichois, délivre 690 ch, au lieu de 450 ch auparavant. Le bloc-cylindres et la culasse du nouveau BMW 132 sont en aluminium. Le dynamisme tous azimuts dont fait preuve le constructeur découle aussi de l'ambition du parti national-socialiste porté au pouvoir de redonner ses lettres de noblesse à l'industrie allemande. Sa branche aviation prend une telle ampleur qu'il est décidé d'abriter l'activité sous une entité juridique différente, la BMW Flugmotorenbau Gesellschaft mbH. Dans le cadre de ses développements, le moteur en étoile se convertit, c'est une première, à l'injection directe d'essence (132 F). Une solution qui vient de refaire surface dans l'automobile pour abaisser la consommation des moteurs à essence. Le nombre d'appareils faisant confiance à la technologie BMW se multiplie : Junker 52, Dormier Wal, He70 de Heinkel. Dans une version gavée par une suralimentation à double étage, le F132 flirte avec les 1 000 ch ! Visiblement, cela reste insuffisant pour servir la propagande du régime nazi et, à la fin des années 1930, les ingénieurs lancent l'étude d'un moteur en double étoile à quatorze cylindres, soit deux étoiles de sept placées l'une derrière l'autre. Le BMW 801 d'une cylindrée de 42 litres offre une puissance époustouflante de 1 500 ch.

BMW n'abandonne pas pour autant la construction de moteurs d'avions et en 1928, il négocie avec la firme américaine Pratt & Whitney, un contrat de production sous licence de moteurs en étoile refroidis par air. Le jour de la signature à Munich réunit M. Schweiger (ingénieur BMW), Max Friz (BMW), M. Mead (Pratt & Whitney) et Franz-Joseph Popp (BMW). Au premier rang figurent M. Däumling (Pratt & Whitney) et M. Schweppenhäuser, le secrétaire de Popp.

Zündmagnet
Luftschraubenregler
Kabelgeschirr
Zündkerzen
Luftschraubenverstellgerät
Vordere Haubenbefestigung
Verschlußkappen für
Ventilspieleinstellung

LE PREMIER SIX-CYLINDRES AUTOMOBILE

L'année 1932 reste gravée dans les mémoires. Une succession d'événements renforce la renommée de l'entreprise dans les trois activités. Wolfgang von Gronau, l'un des pionniers de l'aviation, réussit, à son premier essai, à boucler un tour du monde aux commandes de son hydravion de type Dornier Wal. Propulsé par deux douze-cylindres du type BMW VIIa débitant chacun 600 ch, son appareil accomplit 45 000 km en vingt-six étapes sans rencontrer un seul problème. Le Junker 52 entre en service. Cet avion équipé de trois moteurs de neuf cylindres en étoile séduit pas moins de trente compagnies à travers le monde. Du jamais vu! Absolument pas rassasié, le constructeur fixe un nouveau record de vitesse à 244,4 km/h en deux-roues et décroche le marché de fournitures des motos à l'armée allemande (R4). Alors que le gouvernement allemand encourage les ventes de véhicules en supprimant les impôts et les taxes, BMW s'est préparé à l'expiration de la licence Austin. La 3/20 est prête à prendre la route. Première BMW entièrement étudiée et produite dans ses usines, cette voiture reçoit un quatre-cylindres de 782 cm^3 de 20 ch. Elle est déclinée en plusieurs variantes de carrosserie fabriquées dans l'usine Mercedes de Sindelfingen en vertu des accords passés avec le groupe de Stuttgart : cabriolet, roadster, tourer, berline, camionnette. Considérée comme une petite voiture, la 3/20 porte en elle les gènes des BMW à venir : sobriété, légèreté et simplicité au service de la performance. Elle est le prélude à une offensive sans précédent dans le domaine automobile.

⊕ LA 303, MÈRE DE TOUTES LES BMW

L'année suivante, BMW prend un virage décisif. Adolf Hitler vient juste d'être nommé chancelier par le président allemand lorsqu'est révélée la 303. Cette deuxième voiture conçue par BMW multiplie les premières. Elle inaugure la calandre à double haricot toujours en usage et reconnaissable entre mille et le six-cylindres en ligne automobile. La 303 est à l'origine du divorce entre Daimler et BMW. À Stuttgart, on ne goûte guère les manières d'un fiancé qui a eu l'outrecuidance de venir attaquer frontalement ses productions avec un véhicule puissant et doté d'un six-cylindres. La puissance de ce 1 173 cm³ est encore limitée à 30 ch, mais ce moteur hisse la marque à l'avant-garde de la technologie. Bien que dérivé du quatre-cylindres, ce bloc s'en démarque par le regroupement du carter de vilebrequin et du bloc-cylindres dans une seule pièce. Derrière cette voiture capable d'emmener ses occupants à près de 100 km/h se cachent deux ingénieurs venant de chez Horch : Fritz Fiedler et Rudolf Schleicher. Ce moteur est appelé à un brillant avenir. En 1935, il est porté à près de 2 litres sous le capot de la berline 319. Les dispositions sportives des modèles munichois n'ont pas échappé à l'entreprise anglaise Frazer-Nash qui, après l'importation de la marque, se lance dans la production sous licence de ses modèles. À chaque évolution, BMW peaufine un peu plus son image sportive.

Les roadsters 315/1 et 319/1 enthousiasment les amateurs de belles voitures pour lesquels les Alfa Romeo et les Bugatti restent inaccessibles.

Au salon de Berlin 1934, la firme munichoise expose une gamme de complète de véhicules comprenant des cabriolets, des roadsters sportifs et des berlines (ci-dessus).

La berline 303 révélée en 1933 introduit le six-cylindres en ligne et la calandre à double haricot toujours en usage. Elle se décline rapidement en roadster sportif 315/1. Ce véhicule de sport remporte de nombreuses victoires.

Equipé du moteur en étoile BMW 135, l'avion Junker 52 séduit de nombreuses compagnies à travers le monde.

Durant les années 1930, BMW peut s'appuyer sur d'importants contrats avec des entreprises publiques pour survivre. C'est ainsi qu'il produit en 1931 des camionnettes 3 / 15 PS DA 2 pour la poste allemande.

Le cabriolet 303 à quatre fenêtres présenté en 1933, comme la berline, représente un quart de la production du modèle.

LA 328, L'ENFANT PRODIGE

Encouragé par les automobilistes et la presse, Fiedler continue d'explorer le potentiel du six-cylindres. C'est ainsi qu'apparaît la 326. Ce modèle redéfinit les critères de l'élégance avec ses lignes rondes, fines et fluides. Sa suspension arrière renonce aux classiques ressorts à lames, au profit de barres de torsion modernes. Le six-cylindres frôle désormais les 2 litres. Si le vilebrequin reste inchangé (course de 96 mm), les cylindres sont réalésés d'un millimètre (66 mm). Passé à 1 971 cm^3, le six en ligne délivre 50 ch à 3750 tr/min. Mais il est encore un peu tendre pour prétendre jouer les premiers rôles sur le terrain sportif. Les études reprennent. En raison de moyens limités, Fritz Fiedler et Rudolf Schleicher élaborent une distribution originale. Si le moteur doit se contenter d'un arbre à cames latéral, la nouvelle culasse, entièrement en aluminium et à chambres de combustion hémisphériques, est alimentée au centre du V formé par les soupapes et les trois carburateurs verticaux inversés Solex. La puissance s'établit toutefois à 80 ch à 5000 tr/min. Installé dans un châssis tubulaire habillé d'une superbe carrosserie de roadster, ce moteur démontre un potentiel exceptionnel. Baptisé 328, ce véhicule se hisse d'emblée au sommet de la hiérarchie des voitures de sport. Léger, équilibré, homogène et fiable, ce roadster fait le bonheur des pilotes amateurs et confirmés. La course anoblit la 328, qui marque son époque. H. J. Aldington, de la firme anglaise AFN Ltd qui construit les Frazer-Nash, signe avec Franz-Josef Popp un accord pour la commercialisation de la sportive sous la marque Frazer-Nash-BMW. Une trentaine de voitures seront importées en Angleterre entre le mois de juin 1937 et le début des hostilités.

Alors que l'on se dirige vers un nouveau conflit mondial, BMW enrichit son catalogue avec la 327, une déclinaison de la 328 habillée d'une carrosserie d'élégant coupé ou de cabriolet sportif. Elle est diffusée à 1 296 exemplaires en version 55 ch et à 569 unités avec le moteur de la 328.

Malgré le début de la guerre, la production d'automobiles se poursuit encore quelques mois avant de s'arrêter en mai 1941 pour laisser les usines contribuer à l'effort de guerre. Pendant ce temps, le bureau d'études concentre ses efforts sur le développement du moteur à réacteurs BMW 003 destiné

Dès son introduction en 1936, la BMW 328 devient l'archétype du roadster sportif. Imaginée par les ingénieurs Rudolf Schleicher et Fritz Fiedler, cette voiture révolutionne l'univers des voitures de sport.

à équiper les avions de combat Messerschmitt, tandis que certains ingénieurs trouvent encore le temps d'explorer de nouvelles voies pour améliorer les performances du roadster 328. Un système d'injection fait bientôt son apparition à la place des carburateurs. Les usines BMW tournent à un rythme effréné pour produire des motos et des moteurs d'avions. Elles deviennent la cible des bombardiers alliés. Par mesure de précaution, certains pans de la production sont transférés dans des lieux plus tranquilles. Les ingénieurs continuent à travailler sans relâche. En 1942, ils portent à dix-huit le nombre des cylindres du BMW 802. La puissance bondit à près de 2 500 ch. Sa technique de commande de l'arbre à cames peut être considérée comme l'ancêtre du système Vanos apparu sur les moteurs automobiles au cours des années 1990. À partir de la fin du printemps 1943 et jusqu'à la fin de la guerre, l'usine historique est bombardée à

La stratégie des niches remonte à la fin des années 1930. BMW affiche ses ambitions en multipliant les modèles. Outre les 326 et 327, des modèles de grand tourisme, la firme allemande participe à la course à la puissance en développant la 335 (en haut). Cette voiture accueille un six en ligne de 3,5 litres développant 90 ch. La carrière de ce haut de gamme est écourtée par le début de la Seconde Guerre mondiale.

Après la crise de 1929, BMW sauve son activité automobile en produisant des petits utilitaires autour de la 3 / 15.

dix reprises. Lorsque les bombardements cessent, les usines BMW ne sont plus qu'un champ de ruines et de gravats de pierre. Le 1er octobre 1945, le commandant de la garnison américaine, Eugene Keller, donne l'ordre d'emballer dans des caisses de bois et d'expédier par bateau tous les équipements des usines de Munich avant de les raser. L'ordre ne sera pas exécuté, mais BMW va mettre du temps à renouer avec la situation qui était la sienne durant l'entre-deux-guerres. Le premier réacteur BMW 003 élaboré par l'équipe de l'ingénieur Obritz pour équiper les chasseurs Heinkel 163 et Messerschmitt 262 va poursuivre sa carrière en France. À la fin de la guerre, l'équipe chargée du développement du réacteur sous l'autorité du Dr. Obritz est réquisitionnée. Elle va assurer la conception des réacteurs ATAR. Ces systèmes ont équipé quasiment tous les avions de chasse français jusqu'au Mirage F1, en service jusqu'en 2014.

2

UN GROUPE MONDIAL ET INDÉPENDANT

Son succès est lent à se dessiner, mais, dans le courant des années 1960, sauvé par la famille Quandt, BMW met en place des structures et une organisation industrielle permettant de garantir son indépendance et de partir à l'assaut de l'international. Ces deux conditions ont dicté toutes les décisions des six dernières décennies. Soutenu par une gamme de modèles technologiquement sophistiqués et novateurs, le constructeur trace sa route, seul et en tête du segment du luxe.

UN SECTEUR EN PERPÉTUEL MOUVEMENT

Dans l'industrie automobile, la taille critique cristallise les enjeux. Périodiquement, les constructeurs se posent la question de savoir s'ils sont assez solides pour affronter une concurrence exacerbée et répondre aux enjeux de la globalisation. Or, l'automobile présente la particularité de nécessiter beaucoup de capitaux immobilisés pour un retour sur investissement, toujours incertain et souvent plutôt long à se concrétiser. La tentation est grande de mutualiser les investissements pour diminuer les risques. La recherche d'économies d'échelle encourage les mouvements de concentration. Par son histoire, la Bayerische Motoren Werke s'est faite une religion de rester à l'écart des regroupements ou des alliances. L'entreprise défend bec et ongles son indépendance. Il n'en fut pas toujours ainsi. L'adage "ne jamais dire jamais" se vérifie régulièrement dans cette industrie sensible aux mouvements d'humeur de la conjoncture et aux crises de confiance des ménages. Les vérités d'hier ne sont pas celles d'aujourd'hui, encore moins celles de demain. En fonction des aléas de la conjoncture et surtout de la personnalité des dirigeants, les stratégies des entreprises sont amenées à évoluer. Qui aurait pu imaginer, voilà encore quelques années, que le groupe Fiat introduirait 10 % du capital de Ferrari à la bourse de New York ? Qui aurait parié un kopeck sur la fusion de Daimler et de Chrysler à l'aube des années 2000 ? Pouvait-on accorder du crédit à l'alliance stratégique mondiale signée le 29 février 2012 entre le groupe français PSA Peugeot Citroën et le géant américain General Motors ? Chez BMW aussi, rien n'est acquis. Et à l'heure de prendre chacun ses décisions, leurs dirigeants prennent soin de s'assurer qu'elles n'hypothéqueront pas l'indépendance du groupe munichois. Jusqu'à preuve du contraire, le groupe privilégie l'option de la croissance interne pour grandir. Mais cette stratégie s'avère finalement assez récente. Au cours du siècle écoulé, BMW a eu plusieurs crises à affronter, qui ont failli remettre en cause jusqu'à son existence.

Au lendemain de la Seconde Guerre mondiale, le bâtiment 10 de l'usine de Munich-Milbertshofen a été entièrement rasé par des raids aériens.

Au cours des années 1950, les ingénieurs Schleicher, Wille, Fiedler et Kalkert font partie des principaux artisans de la relance de BMW.

DU MATÉRIEL DE CUISINE À LA REPRISE DE L'HISTOIRE

Les bombardements alliés ont transformé les usines BMW en champs de ruines. L'entreprise est exsangue. Pourra-t-elle s'en remettre ? Lors de la conférence de Potsdam à l'été 1945, les puissances alliées (les États-Unis, le Royaume-Uni et l'URSS) ont pris la décision de démanteler les entreprises allemandes et de récupérer le matériel, au titre des dommages de guerre. C'est ainsi que les ateliers de BMW, à peu près sauvegardés, permettent de fabriquer quelques produits à partir de pièces en aluminium : casseroles, plaques de four, bicyclettes, matériels agricoles. L'usine d'Allach est réquisitionnée par les Américains. Elle sert de centre de réparation pour ses camions militaires et d'entrepôt de pièces détachées. Celle d'Eisenach, préservée, est placée sous le contrôle de la société étatique russe Awtowelo. Elle relance la production de la 321 en utilisant les pièces disponibles dans les ateliers. Au sein de l'usine d'Allach, Georg Meier appelle à un sursaut. Respecté, ce robuste Bavarois a remporté le Tourist Trophy de 1939 organisé sur l'île de Man. Il aspire à ce que l'entreprise retrouve son lustre d'antan en relançant la production de motocyclettes. Ses aspirations deviennent une réalité en 1948. Une R24 monocylindre de 250 cm^3 dotée du changement des quatre vitesses au pied est lancée sur le marché. D'autres modèles vont bientôt suivre. Mais BMW, comme les autres industriels allemands, doit affronter des événements extérieurs. Entre les Alliés, les relations se dégradent rapidement. Dès 1946, Winston Churchill, Premier ministre anglais, s'inquiète de la naissance d'un rideau de fer divisant l'Allemagne et l'Europe. Chaque jour, le fossé se creuse un peu plus entre les puissances alliées et l'URSS. Il aboutit à la séparation de l'Allemagne en deux en 1949 et la soviétisation des pays de l'Europe de l'Est. À la suite de ce nouveau découpage territorial, l'usine d'Eisenach passe à l'Est.

Dans le domaine automobile, la direction composée du triumvirat Kurt Donath, Hanns Grewenig et Heinrich von Dellmensingen ne semble pas encore disposée à relancer la production. À l'étranger, elle est pourtant belle et bien repartie sous des formes revues et corrigées. Hormis Eisenach, l'Angleterre est en première position. De l'autre côté de la Manche, le lieutenant-colonel Bill Aldington s'est rapproché de la Bristol Aeroplane Company pour produire un modèle calqué sur la 328 sous la marque Frazer-Nash. Pilote de 328 avant la guerre, représentant de Frazer-Nash BMW en Grande-Bretagne, et propriétaire d'une 328 type Mille Miles offerte par BMW en guise de dédommagement à la fin de la guerre, Aldington réussit à obtenir les plans et les dessins des modèles d'avant-guerre 327 / 328 et leurs évolutions. De son côté, Bristol est à la recherche de propositions pour occuper sa main-d'œuvre. L'affaire est vite conclue. Pour accélérer le processus de construction de la voiture, Aldington émet l'idée de faire venir d'Allemagne les personnes qui ont contribué à la fabrication des BMW d'avant-guerre. Une mission délicate. La plupart des cadres et des ingénieurs sont encore sous une étroite surveillance, pour ne pas dire en prison, compte tenu de leur passé récent. Finalement, après bien des efforts, l'ingénieur Fritz Fiedler rejoint l'usine de Filton. La Bristol 400 dévoilée en 1947 est une copie du coupé 327. À Eisenach, les BMW deviennent des EMW pour Eisenach Motoren Werke. Sur le logo, le rouge remplace le bleu de Bavière.

Pendant ce temps, en Allemagne, la vie reprend son cours cahin-caha. Le pays profite du plan Marshall décidé par le gouvernement américain et visant à aider au rétablissement de l'Europe par le biais d'une aide financière. Les projets industriels se multiplient. Ernst Loff, jadis chef styliste de BMW, qui a participé à l'élaboration de la 328, fonde la société de voitures de sport et de course Veritas. Assemblées dans une usine délabrée à partir de pièces de BMW, ses modèles remportent quelques succès. À leur volant, on trouve parfois Georg Meier, la légende de la compétition motocycliste. Faute de moyens pour développer de nouveaux modèles, Veritas met la clé sous la porte. Loff réintègre BMW en 1953. Le 3 mars 1956, il meurt d'une tumeur au cerveau.

Les 328 produites en Angleterre portent le label Frazer Nash.

⊕ UNE STRATÉGIE VOUÉE À L'ÉCHEC

Au début des années 1950, BMW obtient le feu vert pour la réouverture de son bureau d'études automobile. Mais la firme a du mal à capter l'air du temps. Les projets sont gouvernés par les extrêmes. Deux camps s'affrontent. Les hésitations sont nombreuses. Une partie des décisionnaires milite pour une petite voiture animée par un moteur de motocyclette et bénéficiant de l'expérience acquise dans les deux-roues. L'autre clan souhaite faire revivre l'image de marque d'avant-guerre en s'adressant à sa clientèle habituée des puissants six-cylindres. Finalement, le directeur général Hanns Grewenig représentant les intérêts de la Deutsche Bank, le principal bailleur de fonds de BMW, tranche en faveur de la seconde option. Pour faire taire les sceptiques, Munich peut toujours exposer que Mercedes propose déjà cinq versions de sa 170 à roues indépendantes et qu'il s'apprête à lancer la berline 300 type Adenauer. Pas question donc de laisser le rival de toujours occuper seul le territoire de la berline de grand luxe. Une question de prestige au moment où l'on prête au constructeur de Stuttgart des velléités de racheter l'usine munichoise pour y assembler ses camions sous la marque Unimog. Mais existe-t-il de la place pour deux véhicules de ce rang dans un pays ruiné par la guerre ? BMW s'entête alors qu'il n'est pas vraiment prêt. Au Salon de Francfort 1951, face à la Mercedes 300, BMW présente la 501. Les lignes rondes et joufflues valent à ce porte-drapeau le surnom d'ange baroque. La grande berline ne fait pas le poids face à la 300 et même à la 220. L'essieu arrière est rigide et le six-cylindres 2 litres, jadis si fringuant, est ankylosé par l'embonpoint général. Chère à produire, la 501 s'affiche à un prix dissuasif. À 15 100 marks, elle coûte 3 100 marks de plus que la 220. Et pour couronner le tout, la production est reportée d'une bonne année. Ces déboires contribuent à aggraver la situation financière. La réussite semble avoir définitivement changé de camp. D'une diffusion trop confidentielle et très cher à produire, le roadster 507 de 1955 ne participe pas à la profitabilité de l'entreprise. Les ventes de motocyclettes déclinent à leur tour. Comment retrouver la voie du succès ? La bonne stratégie n'est-elle pas de tenter un habile compromis entre l'automobile et la moto ? En Italie, sous la marque ISO, Renzo Rivolta vient ainsi de "pondre" l'Isetta, une microvoiture ovoïde mue par un bicylindre deux temps. BMW entame un virage à 180° en décidant de produire sous licence ce minimum automobile. Pas plus ce microcar que le coupé 700 lancé en 1959 ne réussissent à redresser la trésorerie du groupe, entraînée dans les abysses par les grosses 502 et 503 à moteur V8 dont le coût de production trop élevé ne permet pas de dégager des marges suffisantes pour pérenniser l'existence de la société. Pire : le succès de l'Isetta cache un problème majeur. Le prix de revient des petites BMW a été calculé sans prendre de marge, si bien que les finances se retrouvent rapidement dans le rouge. L'Isetta devient un gouffre pour la marque, à tel point qu'en 1958 elle perd 12 millions de marks. Autant dire que les 15 millions de marks injectés en 1957 par le négociant en bois brêmois Hermann Krages sont engloutis rapidement.

Au milieu des années 1950, BMW s'adresse à des clientèles très différentes avec l'Isetta à moteur de moto et la berline haut de gamme 502 équipée d'un six-cylindres en ligne et d'un V8.

Le stand BMW au Salon de Paris 1956 est installé à côté de Ferrari et de Rolls-Royce.

LA FAMILLE QUANDT SE POSE EN SAUVEUR

À la fin des années 1950, BMW est plongé dans une situation financière délicate. Inextricable. Les pertes s'accumulent, résultat d'une stratégie inopérante et d'erreurs de positionnement des produits sur le marché. La faillite semble proche. À moins d'une intervention extérieure. Herbert et son frère Harald Quandt ont hérité de leur père Günther, décédé le 30 décembre 1954, d'un véritable conglomérat. Ils possèdent des participations dans la plupart des secteurs de l'économie allemande : banque, assurance, textile, électricité, batteries, automobile. Les Quandt sont ainsi actionnaires de Daimler-Benz AG et de BMW. En actionnaire avisé des deux entités, Herbert esquisse avec le concours des principaux actionnaires une solution qui, il le pense, va permettre de sauver BMW. Il milite pour que le groupe de Stuttgart rachète son concurrent bavarois par le biais d'une augmentation de capital. L'offre d'achat de Daimler-Benz AG est examinée le 9 décembre 1959 lors d'une assemblée générale extraordinaire convoquée à Munich par la direction de BMW. Employés, concessionnaires et petits actionnaires n'admettent pas que la firme soit dissoute dans un nouvel ensemble. Insultes, bousculades : la réunion est houleuse. Erich Nold et Friedrich Mathern, les représentants de petits actionnaires, prennent la tête du mouvement de défense de l'indépendance. Ils font valoir que BMW est sur le point d'être sauvé par le succès commercial de la nouvelle 700. Ce petit coupé de moyenne gamme a déjà fait le plein de commandes. Trente mille véhicules sont réservés. Ils contestent aussi la véracité du bilan. L'entreprise a, en effet, amorti l'intégralité des frais de développement de la 700 sur une seule année. Comme les statuts lui en offrent la possibilité, une minorité de 10 % du capital social paralyse la situation. L'assemblée est ajournée et, l'offre d'achat par Daimler-Benz expirant à échéance fixe, BMW n'est ni vendu ni sauvé. L'énergie, l'obstination et la cohésion déployées par le personnel et les petits actionnaires ont impressionné Herbert Quandt. L'homme d'affaires se prend au jeu. Après avoir consulté les organes de représentation de l'entreprise, discuté avec les ingénieurs, étudié les comptes avec minutie, il arrive à la conclusion que le défi mérite d'être relevé. Confiante dans la capacité de l'entreprise à se redresser et à conserver

Herbert Quandt, l'homme qui a sauvé BMW, en compagnie de son épouse Johanna et de Paul Hahnemann, directeur des ventes, au Salon de Francfort 1969.

L'assemblée extraordinaire du 9 décembre 1959 scella le sauvetage de la firme munichoise.

son indépendance, la famille Quandt prend la décision, financièrement lourde, de racheter une grande partie des parts du capital. Herbert Quandt s'implique personnellement dans la renaissance de la marque. Il instaure de nouvelles règles de fonctionnement, nomme une équipe de direction entièrement renouvelée et engage le développement de nouveaux produits. Il décide également de renouer avec la production de moteurs d'avions. Cette activité est abritée sous une structure distincte dans laquelle le constructeur MAN prend 50 % du capital. Si aucune grande décision n'est prise sans leur assentiment, les Quandt demeurent toujours dans l'ombre. Cette discrétion tient lieu de religion. Günther Quandt serait à l'origine de cet ascétisme. "Ne jamais rien dire et éviter de se faire remarquer", aurait été érigé en véritable règle de conduite. Les générations suivantes n'y ont jamais dérogé. Herbert disparaîtra en 1982 sans avoir remis en cause la maxime de son père. Et sa femme, Johanna, qui lui succéda à la tête du conseil de surveillance de l'entreprise, ne se fit pas plus remarquer. Elle inculqua ce comportement à ses deux enfants, Stefan et Susanne, entrés au conseil de surveillance en 1997. Elle est décédée le 3 août 2015 dans sa propriété de Bad Homburg, près de Francfort.

⊕ LA VISION DE VON KUENHEIM

Herbert Quandt inculque aux équipes dirigeantes un principe simple : la meilleure façon de se prémunir de toute attaque extérieure et de préserver son indépendance est de ne jamais se mettre en position de faiblesse. En d'autres termes, l'état-major doit en permanence s'assurer que ses décisions ne vont pas entamer, voire dégrader, la performance de l'entreprise. Le nouveau propriétaire a, semble-t-il, la baraka. Peu de temps après avoir pris le contrôle de BMW, Herbert Quandt bénéficie d'une conjugaison d'événements favorables. Le malheur des uns fait le bonheur des autres. La faillite du constructeur Borgward de Brême lui offre sur un plateau une clientèle attachée aux modèles de petites et moyennes cylindrées. Dans le même temps, il récupère une partie du personnel qualifié et les moyens de production. En matière de produits, nous allons le voir, BMW a décidé d'arrêter de courir plusieurs lièvres à la fois et de se recentrer sur des modèles de milieu de gamme brillant par leur qualité de fabrication et leurs prestations sportives. Les nouveaux modèles concurrencent directement ceux d'Alfa Romeo, considérés comme des références en termes de sportivité. Les couleurs BMW brillent de nouveau sur les circuits, contribuant à véhiculer une image de sérieux et de dynamisme. Depuis le début des *sixties*, l'Allemagne est entrée dans une nouvelle ère. BMW profite pleinement du retour de la prospérité. Dès 1963, l'entreprise renoue avec les bénéfices. Herbert Quandt distribue un dividende. Le premier depuis longtemps. Tout lui sourit. En 1966, BMW étend ses capacités de production en rachetant la marque Glas Automobilwerke et ses installations industrielles de Dingolfing et de Landshut. Il reprend aussi les trois mille sept cents employés de la société. La même année, le 14 juin exactement, Wilhelm Hermann Gieschen, le responsable de la production membre du comité de direction, présente les plans du nouveau bâtiment administratif qui sera érigé sur Dostlerstrasse, au sud de l'usine de Munich. Il est prévu que cet édifice de 28 210 m^2 soit prêt à entrer en fonction

Herbert Quandt en compagnie d'Eberhard von Kuenheim.

Le Directoire de BMW lors de la présentation de la 700.

au moment où tous les médias et toutes les télévisions du monde auront les caméras braquées sur les jeux Olympiques qui doivent se dérouler à Munich fin août 1972. Un appel d'offres est lancé. Les projets sont présentés à la direction le 10 octobre 1968. Celui du Pr Karl Schwanger, architecte viennois, a la préférence notamment de Paul Hahnemann, le directeur des ventes. Il convainc ses collègues que le concept architectural de Schwanger est le plus à même de servir l'image de la marque et de l'inscrire dans la modernité. En décembre 1968, le Directoire entérine le choix de l'architecte viennois. Les travaux vont s'étendre sur vingt-six mois. En juillet 1972, les bâtiments et les espaces autour sont terminés. L'édifice fascine. Vu du ciel, les quatre tours forment un quatre-cylindres et le toit du bâtiment annexe abritant le musée est recouvert du logo géant. La tour se dresse à près de 100 mètres de haut, mais pas plus en raison des règles d'urbanisme de l'époque. Elle comprend vingt-deux étages. Originalité de la construction pesant 16 800 tonnes, un système hydraulique a hissé les étages du sommet en premier, autour d'un noyau central. Le 18 mai 1973, la tour et le musée sont inaugurés officiellement par le nouveau dirigeant de BMW : Eberhard von Kuenheim. Cet homme du sérail a été choisi par Herbert Quandt à la fin des années 1960 pour remplacer Wilcke.

Né en 1928, l'ingénieur von Kuenheim est entré dans le groupe en 1959. Il n'est pas un expert de la technologie automobile, mais il comprend le langage de ses pairs. Il arrive aux manettes avec une feuille de route parfaitement définie : continuer à développer l'entreprise tout en préservant son indépendance. Le nouveau patron établit une stratégie à long terme et un cap sur lesquels le groupe s'appuie encore aujourd'hui. Il y a bien eu quelques corrections pour s'adapter aux mouvements d'humeur de la conjoncture, mais jamais les grandes lignes de sa politique n'ont été remises en cause. Didier Maitret, à la tête de la filiale française de 1987 à 2006, se souvient d'un homme visionnaire : "Il est à l'origine du premier développement de BMW." Le culte de l'indépendance l'amène à répartir les risques et à développer la présence de l'entreprise sur les marchés à fort potentiel. Pour ne pas avoir à revivre la période pénible des années 1950, Eberhard von Kuenheim décide de partir à la conquête de l'international. À condition de se positionner sur le haut de gamme, le seul segment de marché permettant de générer des marges suffisantes pour investir sur de nouveaux produits. Les BMW seront les références de leur univers en matière d'agrément de conduite sportive et de technologie. Cette stratégie, pense-t-il, est la plus efficace pour faire prospérer l'entreprise et dégager des profits. Des profits qui

La politique des grands travaux remonte au début des années 1970. Outre la construction de la tour "quatre cylindres" à Munich, la période est marquée par l'implantation d'une usine en Afrique du Sud et par la réalisation à Montigny-le-Bretonneux du siège social de la nouvelle filiale BMW France.

doivent nourrir l'investissement. Car BMW entend rester maître chez lui. Pas question d'être dépendant des organismes financiers. La famille Quandt garde un très mauvais souvenir de la crise de 1959 où la Deutsche Bank, actionnaire et créancière de BMW, avait tenté d'imposer le rachat de la firme bavaroise par Stuttgart. Depuis ce jour, les Quandt se sont jurés de tenir à distance les banques et de ne plus les laisser s'immiscer dans leurs affaires. Une circonspection que l'entreprise s'est toujours attachée à entretenir. BMW prépare donc l'avenir. L'année de l'inauguration du nouveau siège, BMW ouvre sa première usine d'assemblage hors d'Allemagne, en Afrique du Sud, à Rosslyn, près de Pretoria. Dans le même temps, l'offensive produits des années 1970 amène à augmenter les capacités de production sur les sites allemands. L'usine automobile de Dingolfing étend ses capacités pour accueillir la première Série 5 en 1972. Elle sera à plusieurs reprises agrandie pour répondre à l'augmentation de la demande et à l'explosion des gammes. Ce site se spécialise dans la production des grosses BMW. Mais il est aussi en mesure de fabriquer une multitude de variétés de carrosserie. L'adaptabilité et la flexibilité de l'appareil industriel expliquent une grande part de la puissance du constructeur allemand.

⊕ BMW INSENSIBLE AUX ANNÉES DE CRISE

Soutenue par une politique produits inspirée et relayée par des succès à répétition en compétition, la stratégie mise en place par Eberhard von Kuenheim est couronnée de succès. En l'espace de quelques années, BMW se taille une place enviable dans la catégorie des voitures de grand tourisme sportif. Le chiffre d'affaires dépasse, pour la première fois, le seuil symbolique des deux milliards de marks en 1972. BMW le sait bien : les records sont faits pour être battus. En 1975, il atteint 3,58 milliards de Marks pour une production de 221 298 véhicules. Même les deux crises pétrolières de 1973 et 1979 ne viennent pas entraver la progression de la marque. Pourtant les raisons de se détourner des voitures puissantes ne manquaient pas : hausse de la fiscalité et du prix du carburant. Le changement de paradigme annoncé ne s'est pas produit. BMW a toutes les raisons de se féliciter. Ses modèles remportent un franc succès sur l'ensemble des marchés. Fin 1979, à l'heure des comptes, le constructeur bavarois peut se féliciter d'avoir déjà produit trois millions d'automobiles depuis la fin de la guerre. De l'extérieur, la réussite pourrait paraître insolente, mais la direction gère l'entreprise avec une minutie d'horloger. Loin de se laisser enivrer par des résultats enviés par l'ensemble du secteur, Eberhard von Kuenheim administre régulièrement des piqûres de rappel qui font l'effet d'électrochoc. Pour chaque grande décision, le groupe se met en situation de crise. Ce mode de fonctionnement permet de considérer et d'examiner tous les cas de figure, leurs implications et leurs conséquences.

À la fin des années 1980, le cap du demi-million de véhicules fabriqués est franchi. BMW empoche des bénéfices record. Pour répondre à la demande soutenue, l'outil industriel est sans cesse redimensionné. Alors que les usines de Dingolfing et de Landshut ont été agrandies, une unité de production de moteurs voit le jour à Steyr, en Autriche. Avec la chute du mur de Berlin dans la nuit du jeudi 9 novembre au vendredi 10 novembre 1989, BMW récupère son usine d'Eisenach. Il ne pouvait pas rêver plus beau symbole à moins de deux ans de célébrer le soixante-quinzième anniversaire de sa naissance. Au moment d'entrer dans une nouvelle décennie, la guerre du Golfe vient rappeler la fragilité de la paix. Les économies occidentales plongent dans la récession. L'immobilier connaît un krach. Les voitures de collection perdent une grande partie de leur valeur.

Bernd Pischetsrieder lors de la pose de la première pierre du centre industriel de Wackersdorf en 1995.

Le site de Spartanburg en Caroline du Sud.

Des spéculateurs dissimulés sous les habits de l'investisseur sont ruinés. BMW, une nouvelle fois, est relativement épargné par le ralentissement des marchés. Le constructeur récolte les bénéfices de sa présence internationale, qui lui permettent de moins souffrir que les autres constructeurs de l'effondrement d'une zone géographique. La baisse de l'une est compensée par la croissance d'une autre. La répartition des risques s'avère payante. L'excellente couverture mondiale réussit d'autant mieux que, dans les périodes difficiles, von Kuenheim se refuse à licencier. Il s'appuie sur un raisonnement cartésien et dicté par l'efficacité. On ne se sépare pas d'ouvriers qualifiés, car, lorsque la demande repart à la hausse, il faut réembaucher et reformer le personnel. C'est prendre le risque de déstabiliser le système en instaurant la défiance dans les équipes et en perdant des acteurs essentiels de la performance. Il n'empêche que le début des années 1990 n'est pas de tout repos. Les tensions sur les marchés s'accroissent. Dans un environnement instable, la stratégie de BMW est marquée par des mesures de poids.

LE DR. VON KUENHEIM TIRE SA RÉVÉRENCE

Avec désormais près de six cent mille ventes, le succès ne saurait masquer les enjeux auxquels est confrontée l'entreprise. Une règle interne de gouvernance veut que les dirigeants quittent l'entreprise à soixante ans. C'est pourquoi, après vingt-trois ans de règne, le temps est venu pour le Dr. von Kuenheim de céder son poste. Les prétendants à sa succession sont nombreux. Quel profil va-t-il suggérer à la famille Quandt ? L'homme qui a installé la marque au sommet de l'industrie automobile ne s'est-il pas déjà fait remarquer par des choix courageux, voire anticonformistes ? Au moment de renouveler des membres du Directoire qui partaient à la retraite, il a ainsi eu l'idée assez géniale de sauter une génération et de nommer des profils jeunes. Alors que les résultats auraient plutôt encouragé à un certain confort, Eberhard von Kuenheim préfère la remise en cause perpétuelle. Pour diriger le département de la Recherche et du Développement, il a ainsi choisi un homme de trente-huit ans qui a fait ses classes au sein du Développement et des Achats : le Pr. Wolfgang Reitzle. Mais la fonction suprême revient à un homme de la production, la clé de voûte de l'organisation BMW. Le 13 mai 1993, BMW tourne donc une page de son histoire en confiant les commandes à Bernd Pischetsrieder. Né en 1948 et donc âgé d'à peine quarante-cinq ans au moment de sa prise de fonction, cet ingénieur de formation maîtrise tous les rouages de la production. Depuis son entrée dans le groupe en 1975, il a exercé différentes missions managériales sur les sites de production de Dingolfing, Landshut et Rosslyn. Le 1er juin 1990, il rejoignait le Directoire, en charge de la production. Le Munichois va devoir relever des défis importants. Le premier est de succéder à Eberhard von Kuenheim, qui a métamorphosé l'entreprise, créant un acteur mondial de grand prestige. À soixante-quatre ans, le Dr. von Kuenheim devient président du conseil de surveillance. Le second est de poursuivre une croissance rentable ininterrompue depuis plus de trente ans, alors même que l'environnement est gagné par une instabilité chronique, que ressurgit le débat sur la taille critique d'une industrie tentée par des mouvements de concentration et que la concurrence est plus exacerbée que jamais. Décidément visionnaire, avant de laisser son fauteuil, von Kuenheim aura donné le coup d'envoi de la construction d'une nouvelle usine aux États-Unis, à Spartanburg, en Caroline du Sud. Un programme dicté par l'ambition de renforcer sa position sur l'un des premiers marchés mondiaux et par la volonté d'être moins tributaire des variations de taux de change. Les faits vont lui donner raison.

Le 23 septembre 1991, Pischetsrieder célèbre à Dingolfing la cinq cent millième Série 7. Il s'agit d'une 750iL (E32).

LA TENTATION DE LA CROISSANCE EXTERNE

En attendant, la crise du début des années 1990 a eu un impact sur les ventes, qui reculent de soixante mille unités en 1993 par rapport à l'année précédente. Bernd Pischetsrieder ne débute pas son mandat sous les meilleurs auspices. BMW a certes encore produit plus de cinq cent mille véhicules, mais des mouvements de concentration bousculent le secteur. Dans ce contexte, le Directoire se demande si la firme est suffisamment forte pour continuer à tracer sa route toute seule. Robert Lutz, ex-directeur des ventes de BMW au début des années 1970, devenu vice-président de Chrysler, prédit un avenir sombre à l'industrie automobile européenne. Pour lui, les regroupements sont inévitables afin d'aborder la fin du siècle avec des atouts sérieux. Sur le marché européen extrêmement concurrentiel et en faible croissance, il considère que ne survivront que les constructeurs qui réduisent leurs coûts de production et de développement tout en étant capables de proposer des véhicules attractifs et innovants. La mondialisation, l'éclatement des catégories et la pression sur les prix dans les marchés matures nécessitent des investissements qu'un constructeur n'est plus en mesure d'assurer tout seul. Mais où fixer le curseur de la taille critique ? Deux, quatre millions de voitures ? Pour se protéger, BMW est condamné à grandir et à faire la chasse au volume. Doit-il passer à la vitesse supérieure en abandonnant son statut de constructeur spécialisé en berlines de luxe ou est-il préférable de partir à la conquête des segments inférieurs en se rapprochant d'un partenaire extérieur ? La solution émerge début 1994. Le groupe BMW souffle l'anglais Rover à Honda. Pour acquérir ce vestige du groupe British Leyland démantelé, le constructeur allemand a déboursé un peu plus d'un milliard d'euros. Cette opération lui permet d'enrichir son portefeuille des marques Rover, MG, Mini et Land Rover. Jaguar et Daimler avaient été cédés à Ford, les bus Leyland à Volvo, les camions Leyland à Daf. Avec ce rachat, le constructeur allemand change de dimension et devient un généraliste. Il est parfaitement positionné pour aborder le virage du XXIe siècle. Les capacités de production dépassent le million d'unités. Le partage des rôles est parfait : à BMW le haut de gamme ; à la filiale Rover le reste du marché et les gros volumes. Trois ans après son initiative, les ventes mondiales du groupe atteignent près de 1,2 million d'unités, soit une hausse de 4 % par rapport à 1996. Les livraisons de BMW ont augmenté de près de 5 % à 675 000 unités, celles du groupe Rover de 3 % à 553 000 exemplaires. La bonne santé du groupe allemand est particulièrement remarquable aux États-Unis, où les ventes du groupe ont bondi de 18,5 %. Les résultats sont largement supérieurs aux prévisions. Les bénéfices s'envolent de 52 %. Ils s'élèvent à 1,24 milliard de marks. Dans la foulée de l'annonce de ses résultats, BMW fait part de son intention d'augmenter son capital nominal à 1,287 milliard de marks au lieu de 990 millions. Cette opération vise à renforcer sa solidité financière. Les années se suivent, mais ne se ressemblent pas. L'année 1998 se termine sur une nouvelle progression de 5 % à 63,1 milliards de marks du chiffre d'affaires par rapport à 1997, mais il est à mettre à l'actif de la seule marque BMW. Les

Bernd Pischetsrieder signe avec John Towers le rachat du groupe Rover en 1994.

livraisons des modèles bavarois ont progressé de 3,6 % pour atteindre 699 378 unités, un nouveau record, tandis qu'elles ont chuté de 6,4 % à 487 737 unités chez Rover. Le torchon brûle au sein de la filiale anglaise. Depuis 1996, Rover est pénalisé par le renchérissement de la livre, qui entrave les exportations et qui n'a pas pu être compensé par les hausses de productivité. Alors que le précédent exercice s'est achevé par une perte opérationnelle de 900 millions de francs, Rover est contraint de supprimer mille cinq cents emplois en 1998. Pischetsrieder veut croire que les investissements vont finir par payer. À quelques jours de la fin des congés estivaux, il prédit, dans une interview au quotidien *Süddeutsche Zeitung*, un avenir peu reluisant pour l'industrie automobile mondiale, qui doit, selon lui, entrer en crise d'ici deux ans. À ses yeux, les bénéfices record dégagés par les constructeurs allemands ont atteint un sommet. "Nous voulons être suffisamment forts pour avoir tous les atouts en main quand la prochaine crise arrivera et c'est seulement à ce moment-là que nous nous joindrons à la ronde des acquisitions", dit-il. Un important travail de refonte de la gamme Rover a été entamé avec pour objectif principal de s'émanciper définitivement de la technique Honda. Une nouvelle berline haut de gamme, la 75, en cours de gestation, doit voir le jour en 1999. Il est prévu que la Mini de l'an 2000 devienne une marque à part entière. "Il y aura une famille Mini avec des voitures qui ne seront pas forcément petites", ajoute-t-il. Un projet de véhicule tout-terrain est également à l'étude, car, après analyse, BMW a estimé qu'il ne pouvait pas vendre les Range Rover dans ses concessions. Au nom de la préservation des caractères propres à chaque marque, le partage des plates-formes est banni. Des économies pourront cependant toujours être réalisées grâce au poids des achats groupés de six marques auprès des équipementiers et la possibilité d'unifier des composants dont la substance n'est pas visible par le client.

ROVER, UN MALADE INCURABLE

Pour la seule année 1998, malgré l'injection de 3,07 milliards d'euros d'investissements, Rover a encore accusé des pertes atteignant 770 millions d'euros. Début 1999, Eberhard von Kuenheim, président du conseil de surveillance, estime que la comédie a assez duré. Le 5 février 1999, Bernd Pischetsrieder est démis de ses fonctions. Il se recasera chez Volkswagen. Avant de partir, il avait eu l'occasion de dresser son autocritique dans l'hebdomadaire allemand *Der Spiegel*. La débâcle de Rover serait la conséquence d'erreurs de gestion. "Les progrès de qualité ont été trop limités et sont intervenus trop tard", avoua-t-il. De plus, BMW a "trop laissé la bride sur le cou" de Rover et "n'a pas réussi suffisamment vite à vendre plus de véhicules à la clientèle des particuliers en Grande-Bretagne". La presse annonce que Wolfgang Reitzle, numéro deux du groupe et responsable de la recherche et du développement, tient la corde pour décrocher le poste, lors d'une réunion extraordinaire du conseil de surveillance. Le lendemain, ce dernier choisit Joachim Milberg, directeur de la production. Cette nomina-

La gamme du groupe MG-Rover alignée à Blenheim Palace près d'Oxford, en 1996.

tion confirme la prééminence de la production dans le système BMW. Candidat malheureux à la succession de Pischetsrieder, Reitzle quitte l'entreprise.

Le Professeur Milberg hérite donc d'une situation difficile. Il exige une aide du gouvernement britannique pour éviter de mettre au chômage quatorze mille des trente-neuf mille ouvriers anglais et installer un nouveau site de production en Hongrie, l'usine de Longbridge accusant un déficit de productivité de 30 % par rapport à ce qui se pratique en Allemagne. La commercialisation de la berline de luxe 75 présentée début 1999 est retardée de six mois en raison de problèmes de fiabilité et de qualité. Pas question cependant de baisser les bras. Il n'empêche que ces difficultés relancent l'appétit de certains prédateurs. En dépit des dénégations de la famille Quandt et du nouveau président du Directoire, le monde financier bruisse des rumeurs de rachat de la firme allemande. Fragilisé par les déboires de sa filiale britannique, BMW va-t-il être obligé d'abandonner son indépendance ? Milberg multiplie les interviews pour éteindre l'incendie. "Le groupe se porte bien et bien mieux que ce qui se dit à l'extérieur", insiste-t-il. Parmi les constructeurs les plus profitables du monde, le groupe allemand dispose d'une trésorerie confortable et plus généralement d'une solide santé financière. Les pertes de Rover pèsent certes sur sa rentabilité, mais BMW mobilise tous les moyens pour redresser la barre. Malgré tous les efforts déployés, Milberg n'attend pas un retour à l'équilibre de la filiale britannique avant 2002.

À la fin de l'année 1999, le Directoire de BMW, lassé de l'absence de résultats malgré les plans de relance successifs, se prépare à prendre des mesures drastiques. L'exercice devrait encore se solder par une perte record plombant les résultats de BMW, par ailleurs excellents. La presse allemande doute de la patience de la famille Quandt et annonce que Toyota, General Motors, Ford ou encore Volkswagen seraient sur les rangs pour racheter les actions Rover. Pour ajouter à la confusion, début 2000, BMW rappelle vingt-deux mille Rover 75 en raison d'un défaut de vilebrequin sur des modèles à essence. Cette fois, la coupe est pleine.

Jochim Milberg succède à Pischetsrieder en 1999. Sa première mission sera de se séparer du groupe anglais.

LES GRANDES MANŒUVRES

Le 16 mars 2000, le conseil de surveillance entérine la décision du Directoire de se séparer des marques Rover et MG. Les marques Land Rover et Mini seraient néanmoins conservées. La première pour profiter de l'engouement pour les véhicules de loisirs ; la seconde pour participer à la baisse de la moyenne des émissions de CO_2. Le redressement de la filiale britannique a donc échoué. Rover perd 2 millions de livres par jour (3,4 millions d'euros). Il est temps de mettre un terme à l'hémorragie. Après six années d'exploitation sans bénéfice, l'aventure Rover a coûté 4,6 milliards d'euros à BMW en incluant le produit de la vente de Land Rover. Résigné, la firme bavaroise affirme qu'il n'y avait pas d'autre alternative. La période d'incertitude ne pouvait plus durer, sous peine de fragiliser la maison mère. Les résultats du premier semestre 2000 valident la décision. La firme de Munich présente à la mi-année les meilleurs comptes de son histoire. Le bénéfice net du groupe s'établit à 319 millions d'euros, soit une progression de 67 % par rapport aux six premiers mois de l'exercice 1999. Sur le fond, les déboires du constructeur au drakkar résultent en majeure partie d'un raisonnement typiquement BMW. Munich a commis l'erreur de conserver un directeur financier anglais et d'appuyer la relance de la filiale britannique sur la berline haut de gamme alors qu'il fallait privilégier le renouvellement des modèles à gros volumes. L'état-major a aussi sous-estimé la rancœur tenace des sujets de Sa Majesté à l'égard des Allemands.

Débarrassé de Rover, BMW redevient un constructeur très profitable, mais entravé par sa taille moyenne qui ne lui permet pas de dégager des économies d'échelle suffisantes. Le Directoire a déjà trouvé le moyen de remédier à ses faiblesses à travers un plan très ambitieux. Outre la nouvelle Mini qui est en cours de finalisation, BMW a entériné le développement d'une petite voiture afin de gonfler les volumes de production et de passer le cap du million de véhicules vendus par an. Il a aussi lancé un vaste programme permettant de sortir d'un cercle vicieux où ses voitures se différencient essentiellement par la taille et peu par l'apparence.

Aucun grand constructeur ne s'est précipité au chevet de Rover et, après la rupture de l'accord passé en mars avec la société de capital-risque Alchemy, BMW signe finalement avec un autre fonds d'investissements anglais, Phoenix, présidé par John Towers, un ancien directeur de Rover. Pour réduire la facture du patient anglais, BMW finit par céder la marque Land Rover à Ford pour un montant de 3 milliards d'euros. Cette somme correspond quasiment aux 3,15 milliards d'euros que le constructeur allemand a déboursés pour tirer un trait sur sa filiale britannique. Avec cette acquisition, le géant américain renforce ainsi sa position dans le luxe. Land Rover vient compléter sa branche haut de gamme Premier Automotive Group comportant déjà Jaguar, Aston Martin et Volvo et dirigée par Wolfgang Reitzle. À la suite de la cession du fabricant de véhicules tout-terrain, trois membres du Directoire décident de quitter leurs fonctions : Carl-Peter Forster, I, le responsable de la production, Heinrich Heitmann, directeur des ventes et du marketing, et enfin le chargé de la Recherche et du Développement, Wolfgang Ziebart qui cumulaient leurs responsabilités pour les marques BMW et Rover.

En l'espace de quelques mois, le paysage mondial automobile a été chamboulé. Si BMW s'est défait de Rover, d'autres labels ont fusionné. Les constructeurs généralistes semblent en effet obnubilés par une taille critique qui tournerait autour de quatre millions de véhicules produits par an. Cet objectif apparaît comme un seuil minimal pour disposer des moyens financiers nécessaires à la commercialisation d'une gamme élargie et rapidement renouvelée. Car la demande a profondément changé, avec l'explosion du créneau des véhicules de loisirs, le retour des voitures de rêve à travers la renaissance de marques anciennes et prestigieuses, et l'émergence des modèles haut de gamme de petite taille. Une tendance qui mobilise des investissements colossaux et implique donc des réductions de coût drastiques. Cela passe par des plates-formes communes, des relations plus étroites avec les équipementiers, un réseau de distribution repensé, et une accentuation des efforts au niveau du marketing. Reste que la mésaventure de BMW prend à contre-pied la théorie selon

Dès l'année 1997, le style de la future MINI est figé comme l'attestent les croquis du designer Franck Stephenson.

laquelle les fusions apparaissent comme la seule issue pour assurer la survie des groupes automobiles. Au total, BMW a livré 1,15 million d'unités en 1999 (- 4,7 % par rapport à 1998), une baisse essentiellement due à la chute des ventes de Rover.

⊕ LE RACHAT DE ROLLS-ROYCE

Dans le courant de l'année 1997, au moment où BMW s'attelle au développement de Rover, la société Vickers met en vente sa filiale automobile Rolls-Royce qu'elle possède depuis 1979. Le constructeur allemand apparaît le mieux placé pour racheter l'emblème du luxe. Il a en effet signé un accord pour fournir les moteurs V8 et V12 qui équiperont la prochaine génération de Rolls-Royce et de Bentley. Rapidement, BMW se rend compte que la dernière entreprise britannique de construction de voitures fait rêver tous les grands groupes. Volkswagen ne tarde pas à se manifester. L'omnipotent Ferdinand Piëch y voit une occasion d'élargir son portefeuille de marques. Les déclarations d'intention des uns et des autres ne sont pas de nature à inquiéter BMW puisque, en vertu d'un contrat le liant à Rolls-Royce, une clause assurerait, à prix égal, la priorité à BMW en cas de vente. C'est alors que débute une bataille homérique entre VW et BMW autour du rachat de la Flying Lady. Marqué par de nombreux rebondissements, le feuilleton va durer plusieurs mois dans un climat de guerre psychologique. Volkswagen se déclare prêt à surenchérir sur l'offre de BMW et "à payer n'importe quel prix" selon la presse allemande pour acquérir la firme de Crewe. Sous la pression de ses actionnaires, Vickers fait monter les enchères. BMW menace d'arrêter la livraison des moteurs et des autres composants si la compagnie anglaise ne respecte pas son accord de principe. Finalement, Ferdinand Piëch réussit à emporter la bataille. Du moins le croit-il. Dans sa précipitation à s'emparer des marques de prestige anglaises, il a omis que les droits d'utilisation de la marque Rolls-Royce appartiennent toujours à Rolls-Royce Plc, partenaire de BMW dans les moteurs d'avions. En juillet 1998, on assiste à la séparation des deux marques britanniques. Ferdinand Piëch et Bernd Pischetsrieder sont parvenus à un curieux compromis sur Rolls-Royce Motor Cars : à Volkswagen la marque Bentley et à BMW la marque Rolls-Royce. Pour des raisons peu évidentes, BMW a laissé sa nouvelle marque en pension chez Volkswagen jusqu'au 1er janvier 2003.

BMW ne laisse pas passer l'opportunité de racheter Rolls-Royce à qui il fournit les organes mécaniques de certains modèles.

UNE POLITIQUE DE PARTENARIATS PONCTUELS

Fermement attaché à son indépendance, le constructeur allemand décide de réduire ses coûts de recherche et de production en signant des accords de coopérations ciblés. Dans le domaine des moteurs à essence, après une collaboration avec Chrysler, BMW se rapproche de PSA Peugeot Citroën en 2002. Cette nouvelle génération de moteurs quatre cylindres 1,4 litre et 1,6 litre Prince équipant la MINI et la gamme intermédiaire du groupe français profitent de la technologie BMW. À quatre soupapes par cylindre, ces blocs recourent à la distribution variable Valvetronic et au double Vanos. Ils sont produits depuis 2006 à la Française de Mécanique, à Douvrin, dans le Pas-de-Calais, mais aussi en Grande-Bretagne à Hams-Hall. Plus de trois millions d'unités ont déjà été produites. Loué par les deux groupes automobiles pour sa qualité, le partenariat s'étend au développement de véhicules hybrides en 2010. Des deux côtés, on rêve désormais d'aller plus loin. Les futurs hauts de gamme de PSA pourraient ainsi se convertir aux plates-formes BMW et revenir à l'architecture propulsion. Un projet de rapprochement capitalistique entre les deux groupes familiaux commence à émerger. Les deux constructeurs sont complémentaires : BMW domine la planète du premium ; PSA Peugeot Citroën est l'un des premiers acteurs européens dans le domaine du bas et du milieu de gamme. L'image des deux marques françaises est forte. Avec PSA, BMW peut-il réussir ce qu'il a raté dix ans plus tôt avec Rover ? On ne le saura jamais. Les acteurs de ce rapprochement n'iront jamais au bout du processus.

Le 29 février 2012, PSA Peugeot Citroën, au pied du mur, s'est choisi un autre marié. Philippe Varin, le président du groupe français, a signé une alliance stratégique avec General Motors qui, par le biais d'une augmentation de capital d'un milliard d'euros, devient le deuxième actionnaire de PSA, avec 7 % du capital. Ce rapprochement a raison de la joint-venture BMW-PSA. La firme allemande reprend 100 % de la société commune qui planchait sur le développement des technologies du futur et décide de ne pas prolonger la coopération dans le domaine des moteurs à essence, jugeant l'accord PSA-GM peu compatible avec sa stratégie. Après sa rupture avec PSA, BMW se rapproche de Toyota. Le partenariat noué en décembre 2011 autour de la fourniture de petits moteurs Diesel au constructeur japonais est étendu au développement de technologies vertes, du véhicule hybride à la pile à combustible en passant par les batteries et l'allégement des carrosseries. Enfin, l'accord germano-japonais comprend aussi l'étude en commun d'une voiture de sport.

BMW Group a noué une vaste coopération avec Toyota. Outre les travaux en matière de développement de technologies vertes, l'accord porte sur l'étude d'un modèle de sport.

LES DEUX PÉPITES ANGLAISES

Les résultats de MINI, qui s'écrit en lettres capitales pour se distinguer de la série de véhicules produits entre 1959 et 2000, et Rolls-Royce valident la stratégie décidée à l'époque par Bernd Pischetsrieder. Avec la petite anglaise, devenue une marque à part entière, l'honneur du constructeur est sauve après le fiasco de l'aventure Rover. Pensée à Munich, mais produite en Angleterre dans l'usine d'Oxford, entièrement modernisée, la MINI connaît dès sa révélation au Salon de Paris 2000 un engouement sans précédent. Les clients devront patienter un an avant de pouvoir l'acquérir. Dès son lancement, elle connaît un succès retentissant.

⊕ LA PREMIÈRE CITADINE "PREMIUM"

En France, la soirée de lancement, pourtant organisée le 11 septembre 2001, n'a pas eu d'impact sur la fréquentation des concessions. La MINI redevient la coqueluche des beaux quartiers. Avec elle, BMW crée le segment des citadines premium. Sa réussite s'articule autour d'un design évocateur du passé, une réalisation à la hauteur des exigences contemporaines, un marketing très ciblé, une technologie provenant de BMW, gage de sécurité, de fiabilité et de confort. Aux lignes inspirées et sympathiques signées Adrian van Hooydonk et Frank Stephenson, les concepteurs ont ajouté des sensations de conduite ludiques, à la façon d'un kart. L'imaginaire MINI se prête aussi à toutes les audaces. De trois variantes de carrosserie décidées dès le début (coupé, cabriolet et break Clubman), la famille s'enrichit au fil des saisons de multiples déclinaisons.

Dans le domaine des motorisations, la gamme propose aussi un vaste choix de puissances, essence et diesel. Quelques mois après sa commercialisation, la MINI s'enrichit d'une version Cooper S qui renforce son attrait. Jamais à court d'idées, la marque anglaise ressuscite le label John Cooper Works pour son modèle survitaminé. Les prévisions initiales de cent mille exemplaires par an sont sans cesse revues à la hausse. Depuis vingt ans dans le groupe, le directeur financier Helmut Panke ne pouvait rêver meilleur scénario lorsqu'il prend la tête de BMW en mai 2002. Il succède au Professeur Joachim Milberg qui a su remettre l'entreprise sur les rails après la démission forcée de Bernd Pischetsrieder en 1999. Milberg quitte ses fonctions un an avant la fin de son mandat, pour raisons de santé.

⊕ UNE FAMILLE DE SEPT VARIANTES DE CARROSSERIE

Le changement de génération, en 2006, amplifie le succès. La MINI accède aux motorisations issues de la coopération avec PSA. Elles contribuent à diminuer la consommation et les émissions de CO_2. En 2010, la MINI change de registre avec la version Countryman prenant l'allure d'un crossover de 4,09 mètres de long et 1,56 mètre de hauteur. Ses cinq portes et son coffre plus volumineux lui ouvrent les portes des familles. Elle peut même accueillir la transmission à quatre roues motrices. Dans l'euphorie des records de ventes, MINI imagine de nouvelles variantes de carrosserie. Ni les modèles deux places, coupé et roadster, présentés en 2011, ni la Paceman, un crossover deux portes dévoilé au Salon de Paris 2012, accèderont à des volumes significatifs. Le constructeur est sans doute allé trop loin dans l'originalité. Il en tiendra compte lors de la gestation de la troisième génération. Celle-ci pointe le bout de son capot à la fin du premier trimestre 2014. Avec cette nouvelle voiture, BMW ouvre un nouveau chapitre de la saga MINI. Elle repose sur une plate-forme à l'empattement augmenté de 30 mm. Sa ligne a conservé les gènes de la marque, mais la longueur atteint désormais 3,82 mètres, au profit de l'habitabilité et du respect des normes de chocs piétons. La petite anglaise a surtout gagné en sophistication. Elle hérite de nombreux équipements de confort et d'agrément réservés jusqu'ici aux modèles BMW. Sous le capot, on assiste à une révolution sur fond de mise en conformité à la nouvelle

La MINI du XXIe siècle est rapidement un succès. Elle est la première citadine premium du marché. Les nombreuses possibilités de personnalisation participent à l'engouement des automobilistes.

Au sein du bureau de style MINI, l'imagination est sans borne. La MINI se décline dans de nombreuses versions : cabriolet, break Clubman, roadster, Cooper S John Cooper Works.

norme de dépollution Euro 6. Dans le cadre de la nouvelle stratégie des motorisations décidée par le groupe allemand, la MINI étrenne le nouveau trois-cylindres à injection directe et distribution variable. Au rayon essence, il se décline en 1,2 litre turbo de 102 ch (One) et 1,5 litre turbo de 136 ch. La gamme diesel comprend deux versions : 1,5 litre de 95 ch (One D) et 116 ch (Cooper D). Version la plus sobre, la One D voit ses émissions de CO_2 réduites à 89 g/km. Toujours fidèles au quatre-cylindres, les Cooper S et SD chapeautent les gammes essence et diesel. La plupart des motorisations peuvent recevoir en option la boîte automatique à six rapports. La gamme se complète rapidement en mettant l'accent sur les modèles les plus polyvalents et à même de générer les volumes les plus importants. Le répertoire MINI semble inépuisable. Le Salon de Paris 2014 accueille une version cinq portes dont on se demande pourquoi elle n'est pas arrivée plus tôt. Développée sur la nouvelle architecture UKL partagée par les modèles à traction avant, la MINI cinq portes s'allonge de 161 mm par rapport à la version trois portes Hatch, dont 72 mm rien qu'au niveau de l'empattement (2 567 mm). Le gabarit flirte avec les 4 mètres (3,98 m). À partir du mois de juin 2015, MINI ressort la version John Cooper Works. Dérivé de celui de la BMW 220i Active Tourer, le quatre-cylindres 2 litres affiche désormais une puissance respectable de 231 ch et un couple de 320 N.m présent sur une large plage de régimes, de 1 250 à 4 800 tr/min. Le 0 à 100 km/h est avalé en 6,1 secondes avec la transmission automatique.

À l'automne 2015, MINI renouvelle la Clubman. Le nouveau modèle n'a plus rien à voir avec le véhicule qu'il remplace et qui se distinguait par son allure de break, sa porte arrière droite s'ouvrant en portefeuille. Si elle préserve les deux portes battantes à l'arrière, au lieu du hayon, la nouvelle Clubman présente le profil d'un break compact. Avec ce modèle qui mesure 4,25 mètres de long, MINI quitte son territoire d'origine pour investir le segment des compactes. Grâce à un empattement augmenté de 100 mm par rapport au modèle cinq portes, la Clubman voit son habitabilité augmenter. Elle se différencie de ses sœurs par le traitement original de la console centrale de la planche de bord dessinée par le Français Jonathan Cornu. L'année 2015 aura été celle de la révélation du changement de direction de la stratégie produits. Peter Schwarzenbauer, responsable de MINI, Rolls-Royce et BMW Motorrad, a conscience d'être allé un peu loin dans le développement de la gamme de la petite anglaise. La nouvelle génération ne comptera donc que cinq versions. La dernière, le cabriolet, sera présentée en 2016.

Présentée au Salon de Genève 2011, la MINI Rocketman, une version raccourcie de 300 mm, est pour le moment restée à l'état de concept.

⊕ ROLLS-ROYCE ÉLIT DOMICILE À GOODWOOD

Relancer l'emblème du luxe s'avère un sacré défi. La marque appartient à l'histoire de l'automobile. Son prestige est ressenti à tous les niveaux de la société. Comment BMW allait-il gérer le lourd héritage de la tradition britannique ? Pour corser le challenge, de fin avril 2002 à mai 2003, Rolls-Royce ne vend pas une seule voiture. Cette interruption était due à la reprise mouvementée de la marque anglaise. Privé de l'usine historique de Crewe et du réseau de vente, BMW est reparti d'une feuille blanche pour faire entrer Rolls-Royce dans le XXIe siècle. Soucieux de préserver l'héritage et les traditions de la marque, BMW reste fidèle au *made in England*. Une nouvelle manufacture respectueuse de l'environnement sort de terre, sur une propriété de 1 200 hectares qui appartient à Lord March, dans le sud de l'Angleterre, à Goodwood, le temple de la passion de l'automobile. Malgré ses ascendances bavaroises, la Phantom, premier modèle de la nouvelle ère, ne trahit pas l'esprit Rolls-Royce. Au-delà de ses formes très personnelles, de son gabarit impressionnant passant par une hauteur de 1,63 mètre et une longueur de 5,83 mètres, de l'originalité de ses portes arrière à ouverture antagoniste facilitant l'accès et la sortie, la Phantom transporte les occupants dans une autre dimension. L'atmosphère de l'habitacle, conçu comme un véritable cocon et reposant sur des matériaux nobles (cuir et bois précieux), témoigne d'une quête obsessionnelle du raffinement. L'attention portée aux détails a poussé les hommes en charge du développement à installer des parapluies dans les portières. La technologie BMW est bien présente, mais dissimulée. Développé à Munich, le V12 de 6,7 litres délivre 460 ch à 5 350 tr/min et 720 N.m de couple à 3 500 tr/min. Au même titre que la suspension pneumatique, ce groupe motopropulseur contribue au confort de conduite.

BMW a construit une manufacture ultramoderne pour Rolls-Royce. Un écrin niché dans la campagne verdoyante du Sussex, sur les terres de lord March, à Goodwood.

⊕ UNE VRAIE GAMME DE FLYING LADY

Dès la genèse de la Phantom, BMW a défini une véritable stratégie produits. Elle s'éclaircit avec la berline Ghost dévoilée en 2009 et commercialisée à partir de 2010. Elle est le quatrième modèle de la famille depuis la renaissance de 2003. Sur la plate-forme de la Phantom, Rolls-Royce propose depuis 2007 un grand cabriolet baptisé Phantom Drophead Coupé et, depuis 2008, son dérivé Coupé. Souvent surnommée la "petite" Rolls-Royce, la Ghost tend à démocratiser la gamme en se positionnant entre une BMW Série 7 et une Phantom. Elle s'adresse à une nouvelle clientèle. Tout en préservant les attributs stylistiques de sa grande sœur, la Ghost apparaît moins monumentale avec sa longueur ramenée à 5,39 mètres en version courte et 5,56 mètres avec l'empattement long. Bien qu'elle soit plus accessible que la Phantom, la Ghost reste fidèle au douze-cylindres en V.

Depuis son passage dans le giron du groupe BMW, la Silver Lady a retrouvé le sourire. Elle profite de l'explosion du nombre de milliardaires dans le monde. De trois cents exemplaires vendus la première année (2003), l'emblème du luxe est passé à huit cent cinq unités en 2006. En 2014, Rolls-Royce a séduit quatre mille soixante-trois personnes dans le monde. Ses ventes ont été multipliées par quatre depuis 2009. S'il n'est pas question de s'engager dans une course effrénée aux volumes, qui aurait pour conséquence d'annihiler son caractère exclusif, la marque de luxe anglaise ambitionne à présent de vendre sept mille véhicules par an. Pour réaliser ce score, elle compte s'appuyer sur le coupé Wraith lancé en 2013 et sur son dérivé cabriolet présenté au Salon de Francfort 2015. Renouant avec l'appellation Dawn portée exclusivement par vingt-huit exemplaires entre 1950 et 1954, la nouvelle décapotable ne rentre dans aucune case de la classification habituelle. Avec ou sans capote, sa silhouette dégage une sorte d'élégance naturelle. Les vitres sont sans cadre, le pare-brise incliné n'a plus besoin de vitre d'angle triangulaire et, comme ses sœurs, les portes s'ouvrent d'avant en arrière. Le fameux V12 twin turbo de 6,6 litres rend 70 ch à la Wraith, mais il délivre une puissance que les ingénieurs jugent suffisantes : 563 ch à 5 250 tr/min et 780 N.m de couple à 1 500 tr/min.

Depuis 2003, la relance de Rolls-Royce est un succès sans précédent. En 2014, la marque de luxe anglaise a vendu quatre mille soixante-trois véhicules. L'année 2016 verra le lancement du cabriolet Dawn.

LA MOTO, UN ACTEUR ESSENTIEL DE LA MOBILITÉ

BMW n'oublie pas qu'il a été un fabricant de motocyclettes avant d'investir le secteur automobile. Au cours des années 1950, les machines arborant la fameuse hélice sur le réservoir brillent par leurs performances. Dès 1950, la gamme intègre un bicylindre. À partir de 1954, BMW entame sa marche triomphale dans le championnat du monde de side-cars avec ses modèles RS. Dans le domaine des modèles de série, les machines se signalent par une évolution mesurée, mais continue. Remis en selle, le constructeur se dote à la fin des années 1960 d'un nouveau site industriel implanté à Berlin-Spandau. Cette usine inaugure la production de la série/5 : R50/5 délivrant 32 ch, R60/5 de 40 ch et R75/5 de 50 ch. Cette famille de motos se démarque par son bicylindre à plat adoptant un vilebrequin à paliers lisses, des cylindres réalisés en alliage léger, et une suspension reposant sur une fourche télescopique à grand débattement. Alors que les motos japonaises débutent leur offensive sur le marché européen, les modèles BMW s'appuient sur leur réputation de fiabilité et de qualité pour se positionner sur le créneau du grand tourisme haut de gamme.

Au fil des années, BMW continue d'augmenter les cylindrées. En 1973, au moment de fêter le cinquantenaire de l'activité moto, la première 750 cm^3 séduit trente-huit mille clients et devient le best-seller de la gamme. Cette année-là, BMW franchit le cap des cinq cent mille motos produites. La course à la puissance se poursuit : la R 90 S annonce 67 ch. En route vers des sommets, cette activité est abritée, à partir de 1976, dans une filiale autonome baptisée BMW Motorrad. Pour garder une longueur d'avance sur les marques japonaises, la marque poursuit sa politique d'innovations. La R 100 RS est la première moto à bénéficier d'une aérodynamique étudiée en soufflerie. Comme dans le domaine automobile, le département Motorrad semble doué pour humer l'air du temps et capter les tendances. En 1980, BMW révolutionne le marché avec un trail puissant dénommé GS. Cette machine gagne ses lettres de noblesse dans les rallyes-raids et notamment au rallye Paris-Dakar qui a le vent en poupe au cours des années 1980. Le Français Hubert Auriol ouvre le score en 1981 avec une R 80 g/S. Il récidive en 1983 avant de laisser le Belge Gaston Rahier survoler

Seize ans séparent la R69 de la R100 de 1976. Son carénage illustre les travaux en matière d'aérodynamique.

l'épreuve deux années de suite (1984 et 1985) au guidon d'une R 100 GS. Ces victoires participent à la notoriété de la GS et à hisser au sommet des trails de grosse cylindrée. En 1983, non content de dominer le marché des machines d'enduro, BMW lance la famille K reconnaissable à son quatre-cylindres longitudinal. La K 100 délivre 90 ch avec l'injection. Pour couvrir toutes les niches du marché, le modèle se décline en RS, RT et LT. Réunissant des qualités de confort et de fiabilité, les BMW sont devenues les machines préférées des cadres supérieurs et des gros rouleurs. Elles s'appuient aussi sur l'expertise dans le domaine automobile pour proposer une sécurité de haut niveau. En 1988 apparaît ainsi le premier système d'antiblocage de roues au freinage, plus connu sous l'abréviation ABS. La même année marque l'entrée en scène de la K1. Symbole du savoir-faire technologique de BMW, cette machine se signale par son carénage étudié en soufflerie, son quatre-cylindres de 100 ch doté des quatre soupapes par cylindres et son pot catalytique, preuve que le constructeur se soucie de l'environnement.

Dans le courant des années 1990, l'augmentation des volumes passe par un retour à la catégorie du monocylindre. Le moteur développé en collaboration avec Rotax donne naissance à la F 650 produite chez Aprilia, en Italie. À son guidon, le Français Richard Sainct épingle deux nouveaux succès consécutifs dans le rallye Paris-Dakar (1999 et 2000).

BMW INVENTE LA CONDUITE SANS CASQUE

L'entrée dans le XXIe siècle marque le départ d'une nouvelle dynamique. BMW Motorrad ne veut plus se contenter de commercialiser des gros trails et des routières puissantes et sérieuses. La firme veut désormais attaquer les japonaises dans leur jardin mais aussi résoudre une question plus essentielle : améliorer la sécurité des deux-roues en profitant des travaux menés dans l'automobile. Dès le milieu des années quatre-vingt-dix, BMW s'est mis en tête de réinventer la mobilité à deux-roues. Au salon de Cologne 1992, le constructeur fait couler beaucoup d'encre avec la révélation d'un engin hybride, à

Le portefeuille de produits de BMW Motorrad révèle une grande diversité et de nombreuses innovations. Après avoir conquis les terrains escarpés avec la GS, BMW sort des sentiers battus avec le scooter C1 en 2000. Plus récemment, le concept Ninety a donné naissance à un roadster minimaliste.

mi-chemin entre le scooter et la voiturette, et se démarquant par sa structure en aluminium et son toit. Il faudra attendre l'année 2000 pour voir cette machine passer du stade de prototype à la série. Avec le C1, BMW fait le pari d'attirer une clientèle d'automobilistes qui a rechigné jusqu'ici à se convertir aux deux-roues en raison de leur plus grande vulnérabilité aux dangers de la route. Outre la structure enveloppante enrichie de deux oreilles métalliques latérales qui jouent le rôle d'arceau en cas de chute, la sécurité s'appuie sur une ceinture de sécurité trois points à enrouleur. Elle se complète d'une deuxième sangle qui vient croiser la ceinture sur le buste du conducteur. La particularité du C1 est d'avoir obtenu une dérogation pour être conduit sans casque. Pour faire taire les sceptiques, BMW France demandera à des cascadeurs de simuler une chute lors du lancement presse. Le constructeur a gagné son pari. C'est la première fois que le secteur des deux-roues motorisés s'offre un engin aussi sécurisant. Le système de suspension avant télélever fait fonction d'absorbeur d'énergie et le garde-boue de la roue avant est un véritable pare-chocs réalisé en matériau composite. Le freinage ABS est proposé en option. Le tout-sécuritaire ne compte pas que des avantages. Le monocylindre Rotax 125 cm^3 a bien des difficultés à déplacer les 190 kg du C1. Conçu comme une voiture, ce scooter est aussi facturé à un prix dissuasif : 39 000 francs. Il est distribué dans les réseaux moto et auto. En France, après avoir immatriculé 752 unités en 2000, BMW assiste impuissant à la chute des volumes. Didier Maitret, président de BMW-France, et Jean-Michel Cavret, directeur du département BMW Motorrad au sein de BMW-France, ne ménagent pourtant pas leur peine. Pour animer le lancement, ils demandent au maroquinier Louis Vuitton d'habiller trois machines. À partir de 2001, une version plus puissante de 200 cm^3 est lancée, en réponse aux critiques sur les performances modestes du C1. L'engin souffre d'un autre mal : celui d'être en avance sur son temps. Son pari a échoppé sur un autre point. Engagée dans une démarche environnementale, la firme munichoise pensait pouvoir réduire la moyenne des

émissions de CO_2 de sa gamme automobile avec le C1. Or la Commission européenne refusera de l'intégrer dans le calcul. Sa commercialisation s'arrête en 2006. Le marché français a immatriculé 3 071 unités. BMW peut se consoler d'avoir mis le pied à l'étrier à de nombreux automobilistes.

En 2004, la K 1200 RS est la première moto au monde à inaugurer la suspension ajustable électroniquement. BMW se déploie sur de nombreux segments : un, deux, quatre et six cylindres. Par sa polyvalence et son rapport prix/prestations, le trial GS devient la machine la plus vendue au monde. Depuis 2013, la nouvelle génération multiplie les raffinements : moteur boxer refroidi par eau, accélérateur électronique, amortissement piloté, style agressif. Dans le même temps, BMW propose des routières plus sportives et aux lignes plus sexy. En 2009, la S 1000 RR revendique 192 ch à 14 200 tr/min. Rien n'arrête décidément les ingénieurs. Deux ans plus tard, le nouveau haut de gamme routier succombe au six-cylindres en ligne, signe des passerelles entre l'automobile et la moto. Les motoristes de la division automobile ont été mis à contribution pour développer un bloc léger à partir du quatre-cylindres de la S 1000 RR. La puissance atteint 160 ch en version non débridée et 106 ch sur le marché français.

⊕ UNE FAMILLE DE PLUS EN PLUS ÉTENDUE

Préparé de longue date, le retour de BMW dans la catégorie des scooters devient une réalité en 2012. À la différence du C1 de la fin des années 1990, le nouveau modèle chasse sur les terres des maxi-scooters japonais. BMW propose deux modèles aux vocations assez différentes : C 600 Sport et 650 GT. Les moteurs proviennent du spécialiste taïwanais Kymco. Pour remédier à certaines critiques inhérentes à des problèmes de mises au point, BMW a lancé, fin 2015, une nouvelle version adoptant une transmission sensiblement revue. Entre-temps, une version électrique dénommée C Evolution a rejoint le catalogue. Accessible aux possesseurs d'un permis auto, cet engin zéro émission embarque un moteur délivrant 15 ch, 47,5 ch en crête. Sa batterie lithium-ion affiche une puissance de 8 kWh. La vitesse maximale est bridée à 120 km/h pour préserver une autonomie annoncée à 100 km.

Parmi ce bal de nouveautés, BMW n'a pas oublié de célébrer son 90e anniversaire. En 2013, la marque munichoise a lancé la commercialisation d'un roadster minimaliste inspiré du concept Ninety révélé dans le cadre du concours d'élégance de la Villa d'Este. Les rives du lac de Côme ont servi de cadre en 2015 au retour de BMW à la moto d'inspiration américaine. Phénoménal, le Concept 101, pour 101 *cubic inches*, soit 1 649 cm^3, renoue avec l'esprit des *baggers*, ces machines de grosses cylindrées à la ligne dépouillée. Peu loquace sur le destin du Concept 101, BMW peut déjà s'appuyer sur une gamme de sept familles pour accomplir de nouveaux records. L'exercice 2014 a été exceptionnel. Pour la première fois de son existence, l'activité moto a immatriculé 123 495 unités, ce qui correspond à une hausse de 7,2 % par rapport à 2013. L'Allemagne arrive en tête avec 21 714 unités devant les États-Unis (15 301 motos) et la France (11 600 motos).

BMW couvre un large éventail d'attentes entre la K1600 GTL, le summum du grand tourisme, et le scooter électrique C Evolution qui ouvre une porte sur la mobilité du futur.

UN GROUPE LEADER MONDIAL

Toutes les décisions stratégiques prises depuis 1959 ont eu pour objectif de préserver l'indépendance du constructeur et de le mettre à l'abri des prédateurs. C'est ainsi que ce dogme n'a pu être respecté qu'en poursuivant l'œuvre d'Eberhard von Kuenheim : leadership en matière de technologies et de motorisations, présence sur les segments haut de gamme, ce qui garantit des prix plus élevés, flexibilité et compétitivité de l'appareil industriel, internationalisation. C'est ainsi que la marque produit sur quatre continents. Ses trente sites de production sont répartis entre quatorze pays : l'Allemagne, l'Afrique du Sud, l'Autriche, les États-Unis, la Chine, le Brésil, la Thaïlande, l'Inde, l'Indonésie, la Malaisie, l'Égypte, la Chine, la Russie, le Vietnam. En 2019, une nouvelle usine sera inaugurée à Mexico, au Mexique.

Le meilleur moyen d'être fort est de faire la course en tête, autant en matière de volumes de ventes que de profitabilité. Depuis 2005, BMW est devenu le numéro un mondial de l'univers haut de gamme. Le constructeur bavarois a doublé Mercedes grâce à des ventes record de 1,328 million de véhicules immatriculés, en hausse de 9,9 % par rapport à 2004. Pour la première fois, les ventes de MINI ont dépassé les deux cent mille unités. Le chiffre d'affaires a atteint 45,86 milliards d'euros. Pour l'année suivante, Helmut Panke annonce un résultat record de 4 milliards d'euros avant de tirer sa révérence. Sous sa direction, BMW a élargi sa gamme de près de vingt-cinq modèles. Atteint par la limite d'âge, le physicien cède à soixante ans son fauteuil à Norbert Reithofer. À cinquante ans tout juste, l'homme de la production de BMW va devoir redoubler d'imagination et d'efficacité pour consolider le leadership du groupe. Il a l'entière confiance de la famille Quandt et du président du conseil de surveillance Joachim Milberg, auquel il a succédé à la direction de la production. La feuille de route de Reithofer est toute tracée : poursuivre la croissance rentable en commercialisant des modèles de plus en plus innovants et performants en termes de connectivité et d'environnement. En 2007, le nouveau président décide d'une nouvelle stratégie baptisée Number One. Elle vise à produire deux millions de véhicules en 2020.

Pénalisé par l'euro fort, des investissements élevés dans les motorisations faiblement carbonées et l'augmentation du prix des matières premières, BMW décide d'un plan d'économies de 6 milliards d'euros sur les cinq prochaines années pour atteindre une marge opérationnelle de 10 %. Des mesures prémonitoires ? L'année suivante, lorsque la faillite de la banque Lehman Brothers fait vaciller les économies mondiales, le plan mis en place par

Groupe de dimension mondiale, BMW produit la majorité de ses SUV dans son usine américaine et des Série 3 rallongées en Chine.

BMW lui permet de traverser la crise sans trop de dégâts. Certes, l'effondrement du marché américain fait dégringoler le bénéfice net de 90 % à 330 millions d'euros, mais, moins d'un an plus tard, BMW repasse dans le vert, mettant fin à la chute de ses ventes dans le monde. En 2009, ses ventes ont baissé de 12,6 % à 1,25 million d'unités, mais il a réussi à dégager un bénéfice net de 210 millions d'euros alors que son rival Daimler est resté dans le rouge, accusant une perte de 2,6 milliards d'euros.

L'année suivante, le conseil de surveillance décide de confirmer Reithofer dans ses fonctions jusqu'en 2015. Une décision empreinte de sagesse et de bon sens au moment où les marchés redémarrent lentement et où le Directoire s'apprête à dévoiler des programmes qui vont engager l'entreprise au-delà de 2020. Norbert Reithofer a notamment entraîné BMW sur la voie de l'électrification avec le lancement du label BMW i. En 2011, les développements du constructeur sont validés par l'immatriculation de 1,67 million de véhicules neufs. Si les États-Unis sont devenus son premier débouché, la Chine continue de progresser. Le dernier exercice de Reithofer à la tête du groupe allemand restera dans les annales. Pour la première fois de son histoire, le constructeur a dépassé les deux millions d'unités. Enregistrant une progression de 7,9 %, les ventes ont atteint 2 117 965 unités, dont 1 811 719 exemplaires de BMW, 17 793 véhicules de la gamme BMW i, 302 183 MINI en dépit du changement de génération et 4 063 Rolls-Royce dont 1 906 Wraith. Le chiffre d'affaires a progressé de 5,7 % pour atteindre 80,401 milliards d'euros. Quant au bénéfice opérationnel, il a atteint un nouveau record à 9,1 milliards d'euros. BMW a réussi à réaliser son objectif de deux millions de véhicules six ans avant l'échéance fixée initialement. Au premier semestre 2015, BMW a encore enregistré une hausse des livraisons sur les principaux marchés où il opère.

Depuis le 13 mai 2015, conformément à l'annonce faite en décembre 2014, Harald Krüger est devenu président du Directoire. Les défis ne manquent pas pour cet ingénieur de quarante-neuf ans diplômé en génie mécanique qui a piloté, tour à tour, le projet de construction de l'usine de Spartanburg, le planning stratégique de la production, l'usine MINI d'Oxford, la direction des ressources humaines et la direction de la production. À la direction de la production, il est désormais remplacé par Oliver Zipse, dans le groupe depuis 1991. Harald Krüger va avoir la responsabilité de définir la stratégie du groupe jusqu'à l'horizon 2030 et de restaurer l'influence des *cars guys*, ces ingénieurs passionnés d'automobiles et garants de la signature "le plaisir de conduite", érigée en dogme depuis les années 1960 et sur laquelle a été construit le développement de la marque.

Helmut Panke, Norbert Reithofer et Harald Krüger : les trois derniers présidents du Directoire de BMW ont tous occupé des fonctions dans la production.

3

L'ÉLARGISSEMENT ET LA DIVERSIFICATION DES GAMMES

BMW appartient-il encore à la catégorie des constructeurs spécialistes ou est-il définitivement entré dans la famille des généralistes ? Depuis le milieu des années 1980, le constructeur allemand semble aspiré dans le tourbillon de la multiplication des silhouettes de carrosserie que rien ne semble freiner.

UNE GAMME GOUVERNÉE PAR LES EXTRÊMES

On aurait pu penser qu'après les années de chaos de la Seconde Guerre mondiale BMW reviendrait à l'automobile par le biais soit d'un véhicule populaire, soit d'une sportive capable de succéder à la 328. Obnubilé par sa rivalité avec Mercedes, Munich déjoue tous les pronostics et met au point une grosse berline de grand luxe recourant au six-cylindres dérivé de celui qui équipait les 327/328. La démarche semble curieuse, mais l'étoile de Stuttgart a pris la même direction. Baptisée 501, la grande berline munichoise est présentée au Salon de Francfort 1951. Elle mesure 4,73 mètres de long et peut accueillir jusqu'à

six personnes. Face à la Mercedes, la 501 ne respire pas la modernité avec ses lignes baroques, son six-cylindres 2 litres de 65 ch et son châssis à essieu rigide. Elle est totalement éclipsée par les berlines Mercedes 220 et 300. Certes, les critiques s'atténuent lorsque les journalistes peuvent essayer les premiers véhicules, mais cela ne change rien au fond du problème. Le constructeur a mal apprécié la capacité du marché. En 1952, seules cinquante 501 sortent des chaînes. Les voitures coûtent trop cher à fabriquer. La sous-traitance des carrosseries chez Bauer jusqu'en 1954 creuse un peu plus le trou financier. Conscients des défauts de leur berline, les ingénieurs se remettent au travail et balaient la question de la sous-motorisation en donnant naissance à un V8. Sa tradition de motoriste est confortée d'une manière magistrale. Ce nouveau bloc est le premier du monde à être entièrement fondu en aluminium. À soupapes en tête, mais à arbres à cames central, le V8 prend place sous le capot de la berline en juin 1954. Elle devient 501-V8 avant d'être rebaptisée 502. Parallèlement, la 501 poursuit sa carrière avec le six-cylindres dont la cylindrée portée à 2 077 cm^3 permet de gagner 7 ch.

En passant au V8 de 2 580 cm^3 affichant une puissance respectable de 95 ch, la 502 est désormais en mesure d'atteindre la vitesse de 160 km/h. Les modifications touchent aussi la carrosserie qui bénéficie d'une lunette arrière panoramique. Au Salon de Francfort de 1955, BMW livre un véritable feu d'artifice. À côté des 501 et des 502 apparaissent d'insolites versions : une limousine 505 destinée aux chefs d'État, un coupé et un cabriolet 503 aux lignes statutaires et un superbe roadster 507. Dernière les deux décapotables se cache l'influence de Max Hoffman, commerçant de génie qui a fait connaître les voitures européennes aux Américains. On lui doit notamment la Mercedes 300 SL à portes papillon lancée l'année auparavant, mais aussi l'importation des petites Porsche 356. Les déclinaisons de carrosserie n'améliorent pas le sort de BMW. La 505 n'arrive pas à séduire le chancelier Konrad Adenauer, qui préfère conserver sa Mercedes 300. La 503 n'est pas mieux lotie. Il faut dire que l'ingénieur en chef Fritz Fiedler disposait d'une maigre enveloppe budgétaire pour développer le cabriolet quatre places. L'essieu rigide a été conservé, les gros tambours également et le V8 réalésé à 3,2 litres s'autorisent deux carburateurs double corps au lieu d'un seul. À peine quatre cent treize coupés et cabriolets 503 s'écouleront en quatre ans. Aux États-Unis, la 503 n'a pas rencontré son public. BMW n'a jamais pu abaisser les tarifs en-dessous de 9 000 dollars, au lieu des 5 000 dollars envisagés au début du projet.

Au lendemain de la Seconde Guerre mondiale, BMW redémarre son activité automobile par le haut de gamme. Après la berline baroque 501 déclinée en version six-cylindres et V8 en alliage léger, la firme munichoise propose le coupé 503. En raison d'un prix de vente élevé, ces trois modèles connaissent une carrière commerciale confidentielle.

⊕ UN ROADSTER DE STAR

Comme la 503, le roadster 507 résulte du coup de crayon d'Albrecht Graf Goertz. Émigré à New York depuis 1936 pour échapper aux thèses du national-socialisme, le designer allemand est sollicité, au début des années 1950, par Max Hoffman ("Maxi") pour dessiner des voitures plaisir à destination de la clientèle nord-américaine. Des projets ont bien été réalisés par Ernst Loof, mais ils n'ont pas convaincu Maxi. À son initiative, Goertz réalise deux propositions de style qu'il adresse directement à Hanns Grewenig, le directeur des ventes de BMW. La réponse ne traîne pas. Quelques semaines plus tard, le designer formé par Raymond Loewy est invité à se rendre à Munich pour travailler sur le projet de la découvrable sportive qui doit donner naissance à l'exclusive 507. Le roadster fait sensation au Salon de Francfort de 1955 où il est présenté pour la première fois. Le constructeur bavarois se dote enfin d'un véhicule capable de rivaliser avec la Mercedes 300 SL. Il n'a certes pas de portes à ouverture papillon, mais il peut s'appuyer sur sa silhouette d'athlétique cabriolet pour faire la différence. La carrosserie en aluminium de la 507 est un modèle d'élégance. Établi sur un châssis raccourci de 35 cm par rapport à la 503, le roadster BMW affiche une ligne époustouflante qui dépoussière le style de la marque. Pour la première fois, on n'a pas hésité à évaser la calandre typique en double haricot, quitte à faire une entorse à une règle en passe de devenir une sacro-sainte tradition. Cette ligne superbe dissimule hélas une mécanique décevante ! Bien qu'il ait été revu et corrigé par les motoristes, le V8 des 502 et 503 se contente de 150 ch à 5 000 tr/min en adoptant des carburateurs double corps Solex ou Zenith.

Une puissance insuffisante pour espérer déstabiliser Mercedes mais en phase avec la plupart des acteurs de ce marché (Aston Martin, Jaguar, Maserati). Moins performante et d'une concep-

L'un des premiers prototypes de la 507 lors des essais de mise au point sur la route.

tion dépassée par rapport à la 300 SL qui se positionne sur le segment des coupés de sport, la 507 est pourtant plus chère. À cause d'un coût de fabrication élevé conduisant à relever le prix de vente au-dessus de 9 000 dollars, la découvrable munichoise voit d'emblée son avenir commercial compromis. Désenchanté par le positionnement de la belle, Maxi annule sa précommande de mille cinq cents véhicules. Aussi bien aux États-Unis qu'en Europe, la 507 est condamnée à faire de la figuration. Le remplacement des freins à tambour par des disques, courant 1957, l'adoption de roues à moyeu Rudge, les trois rapports de pont disponibles faisant varier la vitesse de pointe de 170 km/h à 220 km/h, le hard-top transformant la silhouette en véritable coupé et l'option boîte à cinq rapports couplée au différentiel à glissement limité ne changent rien à sa carrière. En mars 1959, BMW arrête les frais au terme d'une production de seulement deux cent cinquante-deux exemplaires. Le constructeur a d'autres soucis à gérer. Il joue sa survie. Le succès mesuré de ses limousines de la série 500, la production confidentielle de la 507 et les faibles marges apportées par l'Isetta ne permettent pas d'assurer la pérennité de l'entreprise. L'injection d'argent frais et le repositionnement ingénieux de la gamme vont remettre le constructeur sur le bon chemin.

L'INFLUENCE DE LA MOTO

Le lancement différé de la 501 amène les dirigeants à réfléchir à un complément de gamme. Il est autant question de participer au retour de la population allemande sur les routes avec un véhicule bon marché qui profite du savoir-faire acquis dans le domaine de la moto que de s'affranchir de la dépendance à un seul modèle. La naissance en 1953 de l'Isetta offre une belle opportunité à BMW. Le constructeur achète auprès de la société ISO dirigée par Renzo Rivolta la licence de construction de ce drôle de véhicule. En avril 1955, le premier modèle portant l'écusson à hélice apparaît sur le marché. Cette voiture ovoïde ressemble à un œuf. Mesurant à peine 2,28 mètres de long, 1,38 mètre de large et 1,34 mètre de haut pour une voie arrière très étroite (520 mm), l'Isetta répond à la catégorie des microcars en vogue au cours des années 1950. Sorte de minimum automobile, cet engin, à cheval entre la moto et l'auto, peut accueillir deux adultes et un enfant. Une grande part de sa singularité réside dans son accès à bord. La seule et unique porte de l'Isetta est frontale. Elle s'ouvre largement, entraînant dans son déploiement le volant, la colonne de direction et le tableau de bord ! Ce dernier est

La 507 marque le retour en 1955 de BMW sur le marché des roadsters de grand tourisme.

L'acteur Cary Grant montre que sa grande taille (1,87 m) n'est pas un handicap pour conduire la microcar Isetta.

réduit à sa plus simple expression et se résume à un seul cadran faisant office de compteur de vitesse gradué jusqu'à 100 km/h. Les commandes d'essuie-glace sont placées sur le moteur, celles des clignotants et des phares sur la colonne de direction. Le démarreur s'actionne par tirette. Si l'équipement est sommaire, le constructeur a prévu deux serrures pour dissuader les emprunts. La première est placée sur le contact ; l'autre verrouille le levier de vitesses situé sur la paroi gauche. BMW ne s'est pas contenté de plaquer son écusson sur la porte. Il a apporté quelques améliorations, profitant de l'expertise dans le domaine de la moto. Le bicylindre ISO est remplacé par un monocylindre quatre temps à refroidissement à air de 245 cm^3 emprunté à la moto R25. Il revendique une puissance de 12 ch à 5 800 tr/min et un couple de 1,45 m.kg à 4 600 tr/min. Le bloc est installé verticalement, à l'arrière, dans le prolongement de la roue motrice droite. La boîte de vitesses à quatre rapports à crabots est accolée sur le côté du moteur et transmet le mouvement par l'intermédiaire d'une chaîne noyée dans un bain d'huile.

La voiture a déjà été produite à cent mille unités lorsqu'elle subit quelques aménagements esthétiques. La lunette arrière panoramique disparaît ; les vitres latérales sont remplacées par des vitres coulissantes ; des optiques en obus se substituent aux phares semi-intégrés. Au profit du confort, la suspension troque des blocs en caoutchouc contre de vrais ressorts hélicoïdaux et les amortisseurs sont désormais hydrauliques et télescopiques. Un an après un lancement commercial réussi, l'Isetta monte en gamme avec un moteur de 298 cm^3 spécialement étudié pour elle. La puissance n'augmente que d'un cheval, mais le couple bondit à 18,8 m.kg. La version 250 cm^3 demeure au catalogue, car la plupart des clients ne possèdent qu'un permis de catégorie 4 autorisant seulement la conduite de véhicules de 250 cm^3. En permettant l'accession du plus grand nombre à l'automobile, l'Isetta transforme le quotidien de nombreux Allemands. Elle s'exporte même en Angleterre où elle devient un trois-roues en raison de sa roue arrière unique. Une architecture dictée pour profiter d'une fiscalité avantageuse pour les "tricyclecars". À l'approche des années 1960, le niveau de vie des Allemands progresse. Dans le même temps, l'Allemagne aspire à retrouver sa place sur l'échiquier industriel mondial. La fameuse qualité allemande longtemps érigée en référence soutient l'engouement des produits allemands à l'exportation. Les nouvelles exigences de la clientèle trouvent leur traduction dans la BMW 600, un minispace avant l'heure. Déclinaison de l'Isetta, ce nouveau modèle passe à 2,90 mètres pour accueillir une banquette arrière accessible depuis une porte latérale. Le moteur, un bicylindre à plat de 582 cm^3, garantit une vitesse de pointe

Dérivée de l'Isetta, la 600 permet d'accueillir quatre personnes.

de 103 km/h. Entre 1957 et 1959, la 600 est produite à 34 318 exemplaires. Quant aux deux autres versions de l'Isetta, leur production dépasse les cent soixante mille unités lorsque BMW décide de la retirer du catalogue en 1962.

⊕ L'APPRENTISSAGE DE LA VOITURE DE CATÉGORIE MOYENNE

L'émergence d'une nouvelle classe moyenne est une aubaine pour les constructeurs, et pour BMW en particulier, qui compte utiliser ce débouché supplémentaire pour augmenter sa production. Si la 600 marque une première étape, essentielle, dans l'appétence de la firme munichoise à proposer des véhicules qui répondent aux aspirations d'une nouvelle clientèle, elle ne peut être la seule réponse. Pour transformer l'essai de manière durable, le constructeur doit désormais orienter ses efforts sur des véhicules plus polyvalents. Alors que débute la commercialisation de l'Isetta quatre places, la direction technique lance l'étude d'une voiture de conception entièrement nouvelle. Tout en étant plus grand et plus spacieux que la 600, le nouveau modèle doit, lui aussi, profiter de l'expérience de la moto. L'intervention de l'importateur autrichien de la marque, Wolfgang Denzel, par ailleurs pilote de course, est déterminante dans la définition de ses caractéristiques. Il collabore efficacement avec le designer italien Giovanni Michelotti pour élaborer une voiture qui permettra à BMW de conquérir la classe moyenne et de défendre ses couleurs en compétition. À l'automne 1958, le projet de la 700 présenté quelques mois auparavant par les deux complices obtient le feu vert de la direction. Habillée d'une carrosserie de berline deux portes, la 700 a conservé de la 600 le principe de la suspension, le moteur issu de la moto et son implantation à l'arrière, qui détermine une architecture de propulsion. Comme sur les différentes versions de l'Isetta, la nouvelle voiture, baptisée 700 en référence à la cylindrée de son moteur, se dispense de la fameuse calandre BMW et au double haricot. Autour d'un empattement de 2 120 mm, ce modèle mesure 3,54 mètres de long. Ses lignes anguleuses, soulignées avec discrétion par le dessin des pare-chocs et le décrochement des ailes arrière, tournent le dos à l'esprit BMW. Déjà pensé sur le plan ergonomique, le tableau de bord est simple, mais complet. Un seul pare-soleil témoigne des soucis d'économie. Elle est la première BMW à recourir à un châssis monocoque qui participe à contenir le poids à peine au-dessus de 600 kg. Le moteur, un bicylindre à plat refroidi par air, provient de la moto R67. Il délivre une puissance de 30 ch à 5 000 tr/min. Alors que les articles alarmistes sur le devenir de la firme se multiplient dans la presse, le constructeur n'attend pas le

Lancée en 1959, la 700 est motorisée par le bicylindre de la moto R67.

Salon de Francfort en septembre pour révéler sa nouvelle voiture. Le 9 juin 1959, le Dr Heinrich Richter-Brohm, responsable du Directoire, convie en avant-première une centaine de journalistes à découvrir la 700 à Feldafing, près de Munich. Les premières réactions sont encourageantes. C'est dans ce contexte que la nouvelle BMW effectue ses débuts publics au Salon de Francfort. Elle déclenche immédiatement une vague d'enthousiasme. Les commandes affluent. BMW va-t-il pouvoir les honorer ? Croulant sous des dettes colossales (plus de 12 millions de marks), l'entreprise se débat pour survivre. Le 9 décembre, une assemblée générale extraordinaire est convoquée pour entériner le rachat de la firme par son rival Daimler-Benz AG. Cette réunion, qui devait être une formalité, tourne à l'affrontement entre des actionnaires divisés. La 700 s'invite de manière inattendue dans le débat. C'est elle finalement qui sauve la firme. Les trente mille commandes déjà enregistrées constituent un argument irréfutable au moment de débattre du maintien de l'indépendance de la firme munichoise. Le nouveau modèle assure un rôle prépondérant dans l'assainissement de la situation financière de BMW et dans l'acquisition de l'expérience nécessaire au développement des futurs produits. Avec ce véhicule dont le style a été supervisé par Wilhelm Hofmeister, le responsable du bureau de style, le constructeur démontre déjà son aptitude à multiplier les versions et les variantes de carrosserie. Une stratégie qui va nourrir le développement des futurs produits. Ce schéma garantit un retour sur investissement plus rapide.

Dès son lancement commercial, la 700 est proposée en deux silhouettes, coupé 2 +2 et berline Saloon. Cette dernière se démarque par le prolongement du pavillon et la vitre latérale arrière allongée. Elle s'affiche à 4 760 marks, soit 540 marks de moins que le coupé, malgré un équipement plus complet et une habitabilité supérieure. La 700 présente d'excellentes dispositions sportives qu'elle démontre à travers la 700 GT de 1960 et la 700 RS, un an plus tard. Les victoires des 700, tant sur les circuits qu'en courses de côte, contribuent à asseoir la réputation de BMW. Aiguillonnés par les résultats de leur nouvel engin et soucieux d'accompagner l'essor de la classe moyenne européenne, les hommes de Munich posent les fondements d'une nouvelle stratégie qui ne tardera pas à devenir la marque de fabrique de la maison bavaroise. Amorcée avant la guerre, cette politique de diversification trouve sa traduction à travers une déclinaison de versions censées satisfaire des attentes de clients très différenciées. Avant tout le monde, le constructeur allemand pose ainsi le principe de la multiplication des silhouettes de carrosserie autour d'une même plate-forme. Après la version Sport servant de base à un modèle de compétition, la gamme 700 continue de s'élargir en février 1961 avec la commercialisation d'une version De Luxe. Bénéficiant d'un empattement allongé à 2 280 mm et d'une longueur portée à 3,85 mètres, ce modèle gagne ses galons de familiale. Il arrive en même temps qu'un insolite cabriolet produit chez le carrossier Baur de Stuttgart. Facturé 6 950 marks, ce convertible profite du bicylindre 700 cm^3 boosté à 40 ch de la Sport. La carrière de la 700 se poursuit jusqu'en 1965. La dernière variante, la LS Coupé à grand empattement, est produite pendant un an à mille sept cent trente unités chez Baur. À l'heure des comptes, la 700 aura séduit près de cent quatre-vingt-dix mille automobilistes et fait connaître la marque à une nouvelle clientèle. Elle a ainsi été assemblée à partir de kits en Belgique, en Italie, en Argentine et même en très petite quantité en Israël. Dans la généalogie BMW, la 700 compte double : son succès commercial a permis de restaurer les comptes de la société, mais aussi d'orienter le positionnement des futurs modèles.

La famille 700 s'enrichit de nombreuses déclinaisons de carrosserie.

⊕ CONSULTATION ITALIENNE

Malgré l'engouement pour la 700, BMW ne peut se résoudre à devenir un constructeur de petites voitures. Autant pour des questions d'image que de rentabilité. Et comme Herbert Quandt a fixé le maintien de l'indépendance sur la feuille de route, il faut trouver les moyens de s'y conformer. C'est ainsi que, dans l'ombre des modèles de grande série, les ingénieurs défendent le projet de modernisation de la gamme haute contre l'avis des financiers, qui militent pour sa suppression. Quand il faut jouer l'effet volume avec les petites voitures, les modèles de luxe sont davantage susceptibles de dégager des marges importantes pour financer l'avenir. En dépit du succès en demi-teinte de la série 500 au cours des *fifties*, la persévérance, c'est certain, va bien finir par payer. Pour remplacer le coupé 503, la direction technique imagine reprendre l'étude de la Lancia Flaminia réalisée par le carrossier Pininfarina. En définitive, BMW se tourne vers l'un de ses concurrents, Bertone, qui vient d'embaucher le jeune et prometteur Giorgetto Giugiaro. Sous la férule de Nuccio Bertone, il crée des lignes fines qui rompent avec l'austérité du modèle qui l'a précédé. Le coupé 3200 CS reste fidèle à la calandre au double haricot, mais elle est encadrée par deux vastes grilles horizontales. Giugiaro a, semble-t-il, privilégié la surface de vitrage au détriment de la carrosserie. Ces formes d'une discrète élégance dissimulent une technologie qui commence à dater : un châssis à essieu rigide, un V8 culbuté de 3,2 litres, vestiges des anciennes séries. En dépit de son poids considérable, les 160 chevaux réussissent à entraîner ce coupé à 200 km/h. La 3200 CS assure la transition entre deux mondes. Resté à peine trois ans au catalogue (1962-1965), ce coupé de 4,73 mètres de long, produit de manière artisanale chez Bertone, ne séduit que six cents automobilistes. Son tarif élitiste de 19 640 marks ne militait pas en faveur d'une demande plus soutenue.

Le coupé 3200 CS porte la signature du designer italien Giorgetto Giugiaro.

LA NEUE KLASSE, DERNIÈRE MARCHE AVANT LA GLOIRE

Une berline 700 à deux portes et propulsée par un moteur de moto, n'est-ce pas un peu réducteur lorsque l'on prétend conquérir le cœur des familles de la classe moyenne et faire bonne figure sur la scène sportive ? Patience... Si Herbert Quandt a mis autant d'énergie à sauver BMW en 1959, c'est que les projets dans les cartons l'avaient rassuré sur les perspectives d'avenir. Le bout du tunnel est pour bientôt. Il passe par une vraie berline familiale à quatre portes. La nouvelle arme de BMW brise la glace lors du Salon de Francfort 1961. S'intercalant entre la 700 et les modèles haut de gamme représentés par la 3200 CS et la berline 2600 (une 502 rebaptisée), la routière 1500 intègre les rangs des voitures moyennes. Mais par sa présentation, sa puissance et son prix, elle s'adresse à une clientèle aisée. Le carrossier Michelotti a de nouveau été sollicité pour signer la carrosserie de la berline 1500. Il a esquissé des lignes classiques et sobres. La Neue Klasse n'accroche pas immédiatement le regard, mais les formes soulignent un équilibre parfait. La calandre biseautée explore un thème stylistique qui fera les beaux jours du design BMW. En dehors de son confort et de sa finition au standard

allemand, le principal argument de ce nouveau modèle réside dans son moteur. Incliné à 30°, le quatre-cylindres supercarré (71 x 82 mm) de 1,5 litre à arbre à cames en tête, alimenté par un carburateur Solex, peut se targuer d'une puissance de 80 ch à 5 700 tr/min et d'un couple de 10 m.kg qui s'étend de 1 400 à 5 700 tr/min. Développé par le motoriste Alex von Falkenhausen, le quatre-cylindres de conception entièrement nouvelle dispose d'une grande marge de progression. De 1500, il se décline rapidement en version 1600 et 1800. Avant, BMW doit procéder à quelques réglages sur les chaînes de montage. Dans l'euphorie d'avoir trouvé le remède à ses maux, le constructeur a péché par excès de confiance. La Neue Klasse, qui a fait sensation auprès des visiteurs de Francfort, pâtit de quelques défauts de jeunesse. Rien de grave, mais la leçon ne sera pas oubliée et, dorénavant, BMW va instaurer un contrôle qualité draconien. Pas question de laisser prise à la moindre critique.

En 1964, l'arrivée de deux carburateurs transforme la Nouvelle Classe en véritable sportive. La 1800 Ti annonce désormais une puissance confortable de 110 ch. Même le tarif revu à la hausse (il dépasse 11 000 marks) ne freine pas les ardeurs des automobilistes. C'est que le marché manque de berlines sportives de moyenne catégorie. La principale réplique provient d'Alfa Romeo et de la Giulia Ti Super. Les deux familiales s'affrontent d'ailleurs dans les épreuves pour voitures de tourisme. Les succès à répétition de la 1800 TiSA, notamment dans les courses de longue durée, contribuent à renforcer l'image sportive des modèles BMW. Depuis 1961, le constructeur s'appuie sur l'intuition de Paul Georg Hahnemann pour poursuivre son expansion. Herbert Quandt n'a pas eu d'hésitation à embaucher ce héraut du commerce et du marketing repéré chez Auto Union. Chez BMW, ce visionnaire met en place la stratégie des niches sur laquelle le constructeur s'appuie encore aujourd'hui. Autour du slogan "le plaisir de conduite", la marque détermine un positionnement singulier sur lequel elle ne dérogera jamais. BMW invente la catégorie des voitures sportives et luxueuses dont les prestations relèvent d'une technologie d'avant-garde. Symbole tangible de la profession de foi du constructeur, tous les modèles disposent d'une architecture dite "propulsion" par opposition aux véhicules à traction. La puissance du moteur est ainsi transmise aux roues arrières. Valorisés par des innovations et des succès en compétition, les modèles bavarois peuvent se vendre 20 % à 25 % plus chers que la concurrence. Bientôt surnommé "Paul la niche", le pape du marketing s'attaque aussi à la rationalisation du réseau de concessionnaires en vue de se séparer des plus mauvais éléments et de rehausser la qualité des services proposés à la clientèle. L'homme va vite. Trop vite. Ses méthodes comme son comportement exaspèrent. Les dissensions avec Eberhard von Kuenheim se multiplient. Après avoir été à l'origine du rachat de Glas en 1966, il veut mettre la main sur le hollandais Daf. BMW a retrouvé une santé éclatante depuis qu'il est sorti du segment des petites voitures. Ce n'est pas pour y retourner ! Désavoué par von Kuenheim et Herbert Quandt, Hahnemann démissionne. Une ère s'achève.

Autour de la BMW 1500 élue voiture de l'année 1963, on reconnaît le journaliste Günther Honolka et les hommes de BMW, Alexander von Falkenhausen, Fritz Fiedler, Alfred Böning, Wilhelm Hofmeister, Harald Wolff et Paul G. Hahnemann.

⊕ HAHNEMANN, ARTISAN DE LA STRATÉGIE DES NICHES

Dans les concessions, les baby-boomers commencent à former le principal contingent des clients. À la différence de Mercedes, qui s'adresse à des gens plus âgés et plus établis, BMW accompagne l'ascension sociale des cadres dynamiques. La marque munichoise est dans l'air du temps. En 1966, l'arrivée de la version 2000, déclinée en version à simple ou à double carburateur (Tilux), s'accompagne d'un système de refroidissement breveté. Reconnaissable à ses projecteurs rectangulaires, la berline 2 litres reste au catalogue jusqu'en 1971. Elle capte une clientèle huppée.

BMW a le vent en poupe. Pour seconder la berline 1500, Paul Hahnemann obtient le feu vert de la direction pour étudier un dérivé deux portes, plus accessible, plus économique et de nature à renforcer la sportivité de la marque. Réalisé sous la houlette du designer Wilhelm Hofmeister, ce nouveau modèle est révélé au Salon de Genève 1966. Présentée dans les publicités sous l'appellation 1600 Jubilé, en référence au cinquantenaire que la marque fête cette année-là, cette voiture est 27 cm plus courte et 12 cm plus étroite que la berline. Elle a aussi perdu 130 kg, ce qui représente un gain considérable. La 1602 est rapidement considérée comme un modèle à part entière et non une simple déclinaison de la berline. Sous une silhouette de coupé sportif, BMW réussit le tour de force de proposer une voiture plus performante, mais moins chère que la berline ! La stratégie de montée en gamme n'épargne par la Série 02. Le quatre-cylindres est décidément bien né. Les évolutions se succèdent à une cadence effrénée : 1600 Ti, 2002 Ti, 2002 Tii. Convertie à l'injection mécanique Kugelfischer, permettant de délivrer la bagatelle de 130 ch, la 2002 Tii devient la coqueluche des amateurs de voitures au tempérament sportif. Si son architecture propulsion nécessite certaines compétences pour en extraire la quintessence, elle peut même recevoir une boîte Sport à cinq rapports décalés et un pont autobloquant. Elle devance de deux ans l'apparition de la 2002 Turbo qui couronne la gamme 02 avec 170 ch. Sa carrière est écourtée par la crise pétrolière, mais elle reste, pour la postérité, le premier modèle européen à moteur turbo commercialisé. Les automobilistes veulent désormais voyager en classe éco. Décidément pas à bout de ressources, les ingénieurs imaginent pour le millésime 1975 une version économique 1502 de 1,6 litre dégonflée à 75 ch et à la présentation simplifiée. BMW n'est pas seulement capable de proposer une multitude de motorisations, il sait également s'adapter aux goûts variés des automobilistes. Née avec une carrosserie de coupé deux portes, la Série 02 s'enrichit dès 1968 d'une silhouette de cabriolet à quatre places. Sous-traité chez le carrossier Baur à Stuttgart, ce véhicule connaît certes une production limitée en raison de son tarif élevé, mais il pose les jalons d'une catégorie qui perdure encore aujourd'hui. Elle sera commercialisée avec ou sans arceau. À l'écoute de la clientèle et flairant les évolutions de consommation, BMW se place à l'avant-garde en matière de créativité et de silhouettes de carrosserie. Après le coupé et le cabriolet, la Série 02 s'adjoint une originale carrosserie à hayon baptisée Touring. Une première. Ce petit break trois portes, qui mérite le surnom de *hatchback*, est présenté au Salon de Bruxelles de 1971 et accompagne les premiers pas d'Eberhard von Kuenheim en tant que président du Directoire. À partir d'un empattement inchangé de coupé, la Touring est plus courte de 12 cm. L'agencement intérieur s'inspire de celui des modèles six cylindres. La clientèle lui réserve un accueil mitigé. BMW n'oublie pourtant pas cette formule et le vocable Touring reviendra sous une autre forme. Jusqu'à ce qu'elle tire sa révérence, après onze ans de production, la Série 02 aura été produite à huit cent cinquante mille exemplaires. Un record que le modèle qui la remplace n'aura aucun scrupule à battre.

En 1966, le jubilé de BMW s'accompagne de festivités dans les rues de Munich et de la présentation du coupé 1602.

La Série 02 multiplie les silhouettes de carrosserie. Après le coupé apparaissent les versions cabriolet et Touring

⊕ LE SIX-CYLINDRES REVIENT À L'ORDRE DU JOUR

Au milieu des années 1960, les profits et la santé financière recouvrés, BMW rêve de renouer avec la tradition du haut de gamme, une histoire ajournée au profit des véhicules de catégorie intermédiaire. Pas question de reproduire les erreurs des années 1950. Le constructeur se rode avec le coupé 2 litres (2000 C et 2000 CS) imaginé par Hofmeister. Le lien de parenté avec la berline 1500 est habilement dissimulé sous une silhouette allongée et ramassée. Non content d'étrenner une nouvelle variante de la calandre, le coupé ne partage pas un seul élément de carrosserie avec la Nouvelle Classe. L'habitacle, traité avec soin, répond aux standards des véhicules de luxe. Réalisé chez Karmann à Osnabrück, cet élégant coupé séduit d'emblée sept mille automobilistes. Il constitue le pilier du retour de BMW dans le segment des grandes routières et du grand tourisme. On se dirige vers une nouvelle confrontation Munich-Stuttgart. Cette fois-ci, pas question de ressortir des solutions antiques. Le bureau d'études s'est mis en tête de développer un inédit six-cylindres en ligne, une architecture qui présente le mérite d'engendrer un fonctionnement plus régulier qu'un V6 et de contribuer à l'équilibre des masses de la voiture. Baptisé M06, le nouveau six en ligne est un dérivé du quatre-cylindres. Sa conception le place à l'avant-garde de la production automobile. Il se distingue de ses prédécesseurs par sa culasse à flux transversal avec arbre à cames en tête et soupapes en V. Incliné à 30° pour abaisser son centre de gravité, il est doté d'un vilebrequin à sept paliers et douze contrepoids d'équilibrage assurant un fonctionnement sans vibrations. Apparue en 1968, la nouvelle génération de six en ligne développe 150 ch avec le 2,5 litres, 170 ch avec le 2,8 litres. Ces deux blocs assurant une onctuosité inusitée débutent leur carrière sous les silhouettes élégantes des nouvelles berlines 2500 et 2800. La suspension avant est un développement intéressant du système McPherson et se caractérise par le montage incliné de la jambe élastique, ce qui conduit en virage au carrossage négatif de la roue extérieure à la courbe. Quant à la suspension arrière, elle se dote en série sur la 2800 d'un correcteur de niveau Boge Nivomat. La 2800 intègre le cercle restreint des berlines capables de dépasser 200 km/h. L'habitacle concilie le luxe et la fonctionnalité. Ces berlines témoignent d'une approche nouvelle dans le traitement des détails et dans les nombreux perfectionnements des équipements. La critique les accueille favorablement. En février 1969, à l'occasion du Salon d'Amsterdam, elles terminent sur la deuxième marche du trophée de la Voiture de l'année, attribué à la Peugeot 504 par un jury de quarante-huit journalistes européens. Ces berlines comme les modèles à quatre cylindres rencontrent un grand succès. Sur le marché allemand, au cours de l'année 1969, BMW vend plus de modèles à essence que Mercedes. Le bloc 2,8 litres prend également place sous le capot d'un élégant coupé 2800 CS qui peaufine le concept stylistique de la 2000 CS. Les bases d'une grande offensive produits sont désormais posées. Les évolutions se succèdent à une cadence effrénée. Durant l'année 1971, le six-cylindres apparaît au Salon de Genève sous une cylindrée portée à

Au gré des évolutions, le style du coupé CS s'affine et gagne en agressivité.

2 985 cm^3. Sous la désignation 3.0 CS, la puissance passe à 180 ch dans la version à carburateur. Quelques mois plus tard, au Salon de Paris, alimenté par l'injection électronique Bosch de la 2000 Tii, le 3 litres fournit généreusement 200 ch. La berline 3.0 Si atteint une vitesse maximale de 211 km/h ; le coupé 3.0 CSi, 220 km/h. L'année suivante, la cylindrée grimpe à 3 003 cm^3, exclusivement pour les besoins de la 3.0 CSL en compétition. Avec ces modèles, BMW peut désormais rêver d'intensifier son internationalisation. L'escalade des puissances franchit un nouveau cap en août 1973 avec la présentation de la 3.3 Li, une berline de grand luxe à empattement allongé au profit des passagers arrière, six en ligne de 3 295 cm^3 à injection électronique L-Jetronic de 190 ch accouplé en option à une boîte automatique. Ce modèle clôt la série des berlines 2500-3000.

Le Directoire et certains membres du conseil de surveillance lors de la présentation à la presse de la berline 2500-2800 à Rottach-Egern en 1968 : Golda, Pollmann, Hahnemann, Dr. Peter, Osswald, Dr. Draeger, Gieschen et Wilcke.

LE NOYAU DUR DE LA GAMME

Dès la fin des années 1960, BMW lance un vaste programme de renouvellement de sa gamme. Les nouvelles familles de modèles, au nombre de quatre, doivent plaire au monde entier. Elles doivent permettre de couvrir un large territoire s'étendant de la berline moyenne au coupé de grand tourisme à tendance sportive, en passant par la routière et la grande berline de luxe. Il est prévu que ces quatre familles partagent les mêmes codes esthétiques et un certain nombre d'organes mécaniques. La première des quatre à apparaître en 1972 est la Série 5. Elle sera rejointe par la Série 3 en 1975 puis la Série 6 en 1976 et, un an plus tard, la Série 7. Ces quatre Série composent le noyau dur sur lequel la gamme BMW s'articule jusqu'à l'orée des années 1990. Elles sont développées conjointement.

Hans Koch, Herbert Quandt et Eberhard von Kuenheim en visite sur le site de Milbertshofen au début de l'année 1973.

LA SÉRIE 5, LA RÉFÉRENCE DES ROUTIÈRES

La Série 5 (E12) débute le programme d'une nouvelle génération de BMW. Le constructeur profite des jeux Olympiques de Munich de 1972 pour la révéler. Cette grande berline quatre portes de 4,62 mètres introduit les nouveaux codes esthétiques de la marque. Le dessin, en grande partie esquissé par le Français Paul Bracq, est sobre, simple, équilibré et confère à la voiture une grande élégance. La silhouette parfaitement proportionnée met en relief une vaste surface vitrée, des montants de pavillon fins et une construction de qualité. Le bureau d'études a mis tout son savoir-faire dans cette nouvelle berline qui remplace la 2000 Tilux. L'accent a été mis sur le confort et la sécurité sans dégrader les dispositions sportives du châssis. Le moteur 2 litres (1 990 cm^3) est pratiquement le même que sur les modèles antérieurs, mais avec quelques modifications aux chambres de combustion afin d'activer la turbulence des gaz d'échappement et un taux de compression revu à la hausse (9 : 1 et 9,5 : 1). Les jambes élastiques McPherson à l'avant et les bras triangulés tirés à l'arrière répondent aux normes habituelles de BMW. La carrière de la Série 5 débute avec deux quatre-cylindres, mais le programme comprend un vaste choix de moteurs à quatre et six cylindres. La 520 à carburateur et la 520i délivrent respectivement 115 ch et 130 ch à 5 800 tr/min. L'apparition de la crise pétrolière pousse le commerce à proposer, à partir de 1974, une modeste 518 à quatre cylindres de 1,8 litre et 90 ch. Les performances régressent : la vitesse de pointe ne dépasse pas 163 km/h et le 0 à 100 km/h requiert quinze secondes. Mais BMW n'a pas oublié les amateurs de belles mécaniques. Le catalogue s'est enrichi d'une 525 de 145 ch dans le courant de l'année 1973. La presse ne tarit pas d'éloges sur cette version 2,5 litres. Dans *L'Année Automobile*, le pilote journaliste belge Paul Frère écrit : "Le moteur BMW est probablement le plus remarquable des six-cylindres fabriqués actuellement. Sa douceur et la facilité avec laquelle il monte en régime constituent des plaisirs toujours renouvelés pour un connaisseur. Mais c'est aussi un moteur souple." Et de conclure son essai en estimant qu'il "s'agit sans doute d'un modèle de très grand avenir". Une intuition prémonitoire. En 2010, BMW a donné le jour à la sixième génération de la Série 5.

Révélée en 1972, la Série 5 remplace la berline 2000 Tilux. Elle se signale par sa grande surface vitrée.

La première génération de la Série 5 accueille rapidement un six-cylindres en ligne de 2,5 litres.

⊕ UNE OFFRE DE PLUS EN PLUS ÉTOFFÉE

La gamme de la première génération continue de s'enrichir. Le six en ligne 2,8 litres s'installe sous le capot dans une version à carburateur puis à injection. Les clients semblent insatiables. Au moment de céder la place à une nouvelle génération dévoilée en 1981, mais lancée en 1982, la Série 5 culmine à 218 ch avec le six en ligne de 3,5 litres. La nouvelle voiture entend capitaliser sur les acquis de la première, qui a séduit sept cent mille automobilistes à travers le monde. Sous la direction de Claus Luthe, le style évolue en douceur, restant fidèle à une grande surface vitrée et à des lignes simples. La poupe adopte de grands feux. Le constructeur a tenu compte des souhaits de la clientèle : le confort et la sécurité ont bénéficié d'un important programme d'améliorations. La suspension se dote d'un double essieu à l'avant et d'un bras oscillant à l'arrière. La gamme est encore plus étendue qu'auparavant avec des puissances variant de 90 à 184 ch et on note, pour la première fois, l'arrivée d'un moteur Diesel. C'est une révolution pour BMW, qui avait réussi à construire son expansion sur les moteurs à essence. Mais les chiffres plaident d'eux-mêmes et, sur le marché européen, la pénétration du diesel est en hausse. BMW ne peut pas rester imperméable à une technologie promise à un grand avenir. La 524td effectue ses débuts en 1983. BMW oblige, il s'agit d'un six en ligne. Soutenu par un turbocompresseur, le 2,4 litres délivre 115 ch à 4 800 tr/min. Par comparaison, la nouvelle Audi 100 lancée à la même époque et qui met en avant un Cx aérodynamique record de 0,30 se contente d'un cinq-cylindres diesel sans turbo de 70 ch ! La 524td revendique une vitesse de pointe de 185 km/h tout en affichant une consommation maîtrisée de gazole (11 litres aux 100 km). Les préoccupations environnementales de BMW amènent les ingénieurs à commercialiser une version économique dénommée 525e pour "eta". Dans le même temps, la Série 5 profite des évolutions techniques du constructeur : généralisation de l'électronique à bord, système d'antiblocage de freins ABS et ordinateur de bord. À la fin de sa carrière, le deuxième opus de la Série 5 a été produit à sept cent vingt-deux mille unités, un nouveau record.

Place à la troisième génération et à l'innovation. Les ambitions sont plus élevées au moment où le groupe allemand est plus que jamais convoité par des firmes américaines, General Motors puis Ford. Industriellement saturé, BMW compte sur la nouvelle Série 5 introduite en 1988 pour redéployer son outil industriel. Cette nouvelle berline profite pleinement du milliard et demi de marks, soit 9 % de son chiffre d'affaires, investi par le constructeur dans le développement de ses nouveaux produits. Entièrement remaniée au niveau de la structure, la Série 5 de troisième génération voit sa longueur portée à 4,72 mètres, comme sa principale rivale la Mercedes Classe E, son empattement allongé de 136 mm et sa largeur élargie de 51 mm. L'augmentation des dimensions, l'enrichissement des équipements et le renforcement de la structure conduisent à grever le poids de 130 à 155 kg. Signe de sa volonté de montée en gamme, la nouvelle Série 5 n'est disponible qu'avec des six-cylindres dont les puissances s'étendent de 129 ch à 6 000 tr/min (520i) à 211 ch à 5 700 tr/min (535i). Le diesel 524td poursuit sa carrière. Le pot catalytique, qui participe à la réduction des émissions, introduit en 1984, devient un standard. Tous les modèles passent désormais la barre des 200 km/h grâce notamment à un travail approfondi sur l'aérodynamique. La presse salue un compromis remarquable entre le confort et l'efficacité. Les équipements pour certains optionnels proviennent de la Série 7 : correcteur d'assiette

Les évolutions esthétiques de trois générations de Série 5.

amortissement asservie à la charge, amortissement réglable EDC, antipatinage ASC, coupure et régulateur de couple MSR. BMW ne s'interdit rien avec cette Série 5 qui va ressembler de plus en plus à une petite Série 7. Après la M5, les quatre roues motrices (525ix) en 1991, elle s'offre, l'année suivante, les V8 de sa grande sœur : 530i de 218 ch et 540i de 286 ch à 5 800 tr/min. Ces nouveaux modèles sont disponibles avec la carrosserie de break Touring commercialisée depuis 1991. Cette déclinaison de carrosserie, imaginée par les équipes du designer Claus Luthe, rencontre immédiatement les faveurs d'un nouveau public attiré par une fonctionnalité plus élevée et par une façon différente de vivre l'automobile. Jusqu'au millésime 1996, BMW produit près de cent vingt-cinq mille unités du Touring. À l'heure des comptes, la troisième génération est un succès phénoménal. Elle a été vendue à plus de 1,3 million d'exemplaires à travers le monde. La quatrième génération E39 présentée au Salon de Francfort 1995 n'a pas la partie facile. Elle sait qu'elle doit faire au moins aussi bien que sa devancière alors que la concurrence s'est intensifiée et que le marché est en train de se morceler. L'obstacle n'est pas insurmontable pour Munich. Les dimensions évoluent à la marge tandis que les lignes s'allègent pour mettre en valeur la suspension en aluminium, une première sur la Série 5. Les six en ligne essence et diesel profitent d'une batterie d'évolutions destinées à réduire leur impact environnemental. Ils affichent des puissances comprises entre 150 ch et 193 ch. Dans le même temps, les équipements s'enrichissent. À nouveau, en 1997, le Touring apparaît au catalogue. Il se signale par son plancher complètement plat qui résulte d'amortisseurs en position très inclinée et par un plateau de chargement inédit proposé en option. Il coulisse vers l'arrière de 70 cm et évite de se pencher très loin en avant. Sa rigidité est telle que l'on peut déposer une charge de 75 kg à son extrémité suspendue sans risquer la cassure. Référence des routières, la Série 5 accueille de nombreux raffinements : volant multifonction, système de navigation par GPS, contrôle dynamique de stabilité. Lorsque la production du Touring s'arrête en 2004, la Série 5 de quatrième génération a été produite à 1,47 million d'unités.

La planche de bord de la 525i de 1988.

⊕ L'ÈRE TECHNO

La cinquième génération arrive en 2003 dans le contexte particulier de refonte des codes stylistiques de la marque par Chris Bangle. Troisième modèle à porter l'empreinte du nouveau design, cette Série 5 gomme les excès de la Série 7. Si l'influence de sa grande sœur est manifeste avec une alternance de surfaces concaves et convexes, les formes apparaissent plus consensuelles et plus effilées. Le style est salué par un excellent Cx aérodynamique de 0,26. L'empattement et la longueur progressent de 60 mm pour rejoindre les 4,80 mètres de la Mercedes Classe E. L'habitabilité et le volume de coffre en profitent pour progresser (plus 60 litres, 520 litres). À l'intérieur, le nouveau langage de formes s'accompagne d'une révolution technique dans tous les domaines. La nouvelle Série 5 partage avec la Série 6 lancée la même année un nouveau principe de conception. La carrosserie mixe l'acier, l'aluminium et le plastique et le berceau avant est réalisé en aluminium. La planche de bord rappelle beaucoup celle de la Série 7 et se plie à la double casquette étrennée par la Série 7 et au système i-Drive dans une version simplifiée à cinq entrées et de touches d'accès directs au menu principal. L'équipement devient de plus en plus sophistiqué. La Série 5 peut recevoir des sièges massant ou ventilés, une installation hi-fi à treize haut-parleurs, un vitrage réfléchissant les infrarouges, une direction active AFS à assistance et à démultiplication variables (1,7 tour de butée à butée), l'antiroulis actif Dynamic Drive, et l'amortissement adaptatif ADC. Jusqu'à 75 kg plus légère que sa devancière, la Série 5 met en valeur les qualités des six-cylindres et la dynamique du châssis. Les versions à essence se distinguent toujours par des montées en régime qui n'en finissent pas, mais le bloc 3 litres turbo diesel avec son couple de 500 N.m surpasse la 530i en reprises. Au fil des saisons, la gamme va s'enrichir pour couvrir une diversité de besoins : six moteurs à essence et quatre diesels. Les puissances s'étendent de 170 ch pour la 520i à 367 ch pour la 550i à moteur V8. À partir de 2007, la Série 5 se convertit aux technologies du programme EfficentDynamics. Entre 2005 et 2008, la Série 5 est la voiture la plus vendue de son segment. En janvier 2008, l'usine de Dingolfing célèbre les cinq millions de Série 5 produites depuis les débuts en 1973.

La cinquième génération de 2003 adopte les codes du design Bangle et une partie de la technologie de la Série 7.

Dans le courant de l'année suivante, BMW pense pouvoir développer encore plus rapidement ses volumes de ventes avec un nouveau modèle dénommé Série 5 Gran Turismo (GT). Les designers se sont visiblement inspirés de la X6 pour donner naissance à une berline d'un genre nouveau croisant les influences du coupé et du SUV. Surtout en Europe, la clientèle réserve un accueil mitigé à cette grande routière de près de 5 mètres. Pratiquant le mélange des genres, cette berline de voyage est pourtant reconnue pour son confort souverain et son habitabilité généreuse.

En 2010, la Série 5 ouvre un nouveau chapitre. Le style s'adoucit et entre dans le rang, sans se priver d'un caractère affirmé. La sixième génération présente des lignes élégantes et équilibrées. Plus que jamais, sa technologie la positionne comme une Série 7 en réduction. Alors que la longueur progresse de 40 mm (4,90 m), l'empattement s'allonge de 80 mm. Comme sur la Série 7, les roues arrière peuvent être directrices, la direction et le châssis actifs. L'arsenal technologique comprend une boîte automatique à huit rapports (550i), un radar anticollision et des solutions pour abaisser les émissions de CO_2. En 2013, alors qu'elle a déjà été produite à plus d'un million d'unités, la Série 5 s'offre une cure de jouvence. Pour rivaliser avec l'Audi A6 et la Mercedes Classe E, le programme d'améliorations s'est orienté dans trois directions : le design, l'enrichissement de la gamme des motorisations et des fonctionnalités de confort et d'agrément. Sur le premier point, les designers ont fait preuve de sagesse. Les retouches discrètes se concentrent sur les lignes de contour autour de la calandre et de nouvelles prises d'air inférieures. Les modifications les plus importantes portent sur l'arrière, traversé par une ligne de lumière supplémentaire et doté de nouveaux feux brillant d'une manière encore plus expressive. La Série 5 profite de ce lifting de mi-carrière pour se doter de série des projecteurs au xénon. Pour la première fois, les phares adaptatifs à leds ainsi que les antibrouillards à leds sont proposés en option.

Le *downsizing* des moteurs s'étend à la Série 5. Réservé jusqu'ici aux Série 1 et Série 3 et à leurs dérivés SUV (X1/X3), le quatre-cylindres turbo diesel 2 litres de 143 ch fait son apparition sous le capot de la Série 5. La 518d annonce une consommation normalisée (cycle CEE) de 4,5 litres aux 100 km, soit des émissions de CO_2 de seulement 119 g/km. Toutes les motorisations anticipent la norme antipollution Euro 6 en vigueur à partir de septembre 2014. Les modèles diesels sont équipés en série de la technologie BMW BluePerformance qui réduit les émissions d'oxydes d'azote (NOx). La technologie EfficientDynamics s'enrichit aussi d'un mode "roue libre".

Lancée en 2010 et remise au goût du jour en 2013, la sixième génération de la Série 5 est revenue à des lignes plus harmonieuses.

LA SÉRIE 3, UN PHÉNOMÈNE AUTOMOBILE

La carrière de la Série 5 est déjà bien engagée lorsque BMW introduit la Série 3 (E21) au Salon de Francfort 1975. Cette berline deux portes dont le style évoque celui de la nouvelle routière a vocation à remplacer la Série 02. La ligne a perdu en caractère ce qu'elle a gagné en finesse. Sur le plan technique, la formule, excellente, a évité de repartir d'une feuille blanche. Les ingénieurs se sont attachés à changer ce qui commençait à dater. À l'arrivée, une bonne centaine de modifications et d'améliorations ont été apportées. La carrosserie, un peu plus grande que celle des modèles précédents, conserve un format compact (4,35 m). Le confort et le comportement concentrent les principaux progrès. Les moteurs, des quatre-cylindres en ligne à simple arbre à cames, sont reconduits : 316, 318 et 320. Le nouveau dessin des chambres de combustion a permis, malgré un abaissement sensible du rapport de compression pour accepter l'essence ordinaire, une augmentation de la puissance de 9 ch pour la 320 (109 ch). La géométrie des suspensions est revue et certains éléments de suspension sont renforcés. La Série 3 marque un progrès dans tous les domaines. La planche de bord porte l'empreinte de Paul Bracq avec la console centrale orientée vers le conducteur. Cet agencement participe à l'amélioration de l'ergonomie. Manifestement, BMW maîtrise son sujet, car, deux ans à peine après sa commercialisation, la Série 3 accède au six en ligne (M60). C'est la première fois qu'un moteur de ce type équipe une berline compacte. Dans le cœur des amateurs de voitures de sportifs, la 323i remplace véritablement la 2002 Tii. Grâce à ses 143 ch, elle réalise le 0 à 100 km/h en neuf secondes. La

Apparue en 1975, la Série 3 remplace la Série 02. Les lignes deviennent plus carrées.

Dix ans après son lancement, la Série 3 accède aux quatre roues motrices pour gagner en polyvalence.

même année, la Série 3 renoue avec la tradition des cabriolets. Produit chez Baur, ce modèle se caractérise par son arceau de sécurité. Il représentera 4 595 unités des 1 364 039 exemplaires de Série 3 produits jusqu'en 1983.

Devenue l'archétype de la berline de sport, la Série 3 (E30) reste fidèle au concept initial. Elle surclasse ses rivales par l'adoption de nombreuses technologies de ses grandes sœurs, mais également par la multitude de déclinaisons. Alors qu'elle a déjà été produite à deux cent trente mille unités durant la première année de sa commercialisation, la deuxième génération de la Série 3 élargit sa gamme à une silhouette quatre portes. En 1985, c'est au tour de la version cabriolet de revenir au catalogue. Le feu d'artifice ne s'arrête pas, car, cette année-là, BMW commercialise une version 325ix à quatre roues motrices, en réponse aux Audi Quattro qui commencent à lui faire de l'ombre. Elle sera proposée avec les carrosseries deux et quatre portes puis Touring à partir de 1987. Après une étude approfondie du marché, les équipes marketing et commerciales ont estimé qu'il y avait une place pour un break de loisirs. La génération E30 atteint le chiffre mirifique de 2 339 251 exemplaires.

Lorsqu'il s'agit de renouveler la référence du marché, BMW est partagé entre l'évolution mesurée et la révolution. Le constructeur choisit la première option, mais, signe d'une inversion de tendance, la voiture est d'abord présentée en version quatre portes. Dévoilées en 1990, ses lignes sont un modèle d'élégance. Les feux ronds s'abritent désormais derrière une vitre en verre. Les caractéristiques des BMW modernes transpirent à travers sa silhouette dynamique : empattement long, porte-à-faux courts, passages de roue parfaitement remplis. À la pointe de la technologie, les moteurs couvrent un large éventail de puissance. Le diesel fait plus que jamais partie du dispositif ; la transmission intégrale a disparu. BMW mérite sa réputation de motoriste : la 325tds débite une puissance de 143 ch et un couple de 260 N.m. La consommation homologuée n'excède pas 6,7 litres aux 100 km. En matière de comportement, la Série 3 donne aussi le *la*. À partir de 1992, l'ABS devient un équipement standard. Le châssis peut accéder au contrôle de stabilité ASC en option, couplé au système de freinage à partir de 1997. L'attractivité de la gamme Série 3 se renforce au rythme de l'arrivée de nouvelles silhouettes. Le coupé lancé en 1992 est vraiment un modèle à part entière. Il précède d'un an le cabriolet et de trois ans le break Touring. On peut se demander s'il n'arrive pas un peu tardivement. BMW a fort à faire. La reprise du groupe Rover ne se passe pas comme prévu et, depuis 1994, la direction s'est mis en tête de proposer une variante raccourcie de la Série 3. Dénommée Compact, ce modèle rend 23 cm (4,21 m) à la berline. Il devient le modèle d'entrée dans la gamme du constructeur. Cette variante n'est pas très bien accueillie et il faudra l'intégration d'un six en ligne pour que les médias révisent leur jugement.

Depuis 1987, le break Touring est devenu un membre essentiel de la gamme Série 3.

La Série 3 Compact, une Série 3 raccourcie et plus accessible, est restée onze ans au catalogue.

Huit ans, c'est le bel âge pour tirer sa révérence. La quatrième génération prend la route à l'été 1998. Elle évolue dans tous les domaines, mais le style semble prendre une nouvelle direction. Les angles s'arrondissent ; les projecteurs s'effilent. Ni tout à fait la même, ni tout à fait une autre, la Série 3 (E46) enregistre des progrès importants en matière de sécurité passive et d'équipements. Les variantes de carrosserie (coupé, cabriolet et Touring) arrivent plus tôt dans le développement du programme. Elle inaugure aussi le premier diesel à injection directe. Le quatre-cylindres de la 320d affiche une puissance de 136 ch et autorise des performances de premier plan (207 km/h) tout en maintenant la consommation à un niveau très bas. Les six en ligne qui ont forgé la réputation du constructeur ne sont pas oubliés. L'exercice 2000 accueille trois nouveaux blocs pour les 320i, 325i et 330i. Le 3 litres de cette dernière culmine à 231 ch. Grâce à des reprises musclées, les 184 ch de la 330d ne sont pas loin de lui damer le pion. Ce moteur vient de trouver sa place sous le capot du coupé. Un crime de lèse-majesté pour certains ingénieurs de la marque. Didier Maitret, président de la filiale BMW France, a milité pour ce singulier attelage. Le marché français, il est vrai, est orienté diesel, surtout pour les modèles haut de gamme. En 2004, le cabriolet se convertit à son tour au diesel avec la 320cd. Un an après, le Salon de Genève sert de cadre à la cinquième génération. Les dimensions sont encore revues à la hausse : 49 mm en longueur, 78 mm en largeur et 10 mm en hauteur. L'habitacle succombe à la nouvelle identité : double casquette de planche de bord, système i-Drive simplifié, finition soignée, raffinement rehaussé. Le coupé prend ses distances avec la berline en ce qui concerne le style. La révolution arrive sous la forme d'un cabriolet, équipé pour la première fois d'un toit rigide. La technologie EfficientDynamics, permettant de réduire les émissions de CO_2 et la consommation, arrive sur la Série 3 en 2007. Ce programme n'empêche pas les puissances d'être revues à la hausse.

Berline premium la plus vendue au monde, la Série 3 passe à la sixième génération à l'automne 2011. La longueur progresse de 9 cm et ses 4,62 mètres la placent désormais entre la Mercedes Classe C (4,59 m) et l'Audi A4 (4,70 m). Malgré l'accroissement des cotes, elle est plus légère, le gain pouvant atteindre 40 kg. Une fois de plus, BMW annonce des performances en hausse et des consommations en baisse. Les moteurs à essence adoptent l'injection directe et la suralimentation par turbocompresseur qui font le succès des diesels. Avec cette génération, BMW entre de plain-pied dans l'ère du *downsizing*. Lors du lancement, la gamme se compose du quatre-cylindres 2 litres turbo de 245 ch (328i) et d'un six-cylindres 3 litres biturbo de 306 ch (335i). Côté diesel, l'offre initiale comprend un quatre-cylindres turbo proposé en version 163 ch (320d EfficientDynamics) ou 184 ch (320d). L'ensemble de ces moteurs est couplé à une boîte manuelle à six rapports ou à une boîte automatique à huit rapports, récemment adoptée par la Série 1. La presse salue d'emblée une voiture plus facile à conduire, même si certains lui reprochent la perte d'une partie de son caractère de propulsion. Mais le résultat est là. Lorsque la Série 3 célèbre ses quarante ans en mai 2015, Munich annonce qu'elle a déjà été produite à quatorze millions d'unités.

Au fil des générations, le cabriolet Série 3 n'a cessé de gagner en raffinement.

Le cabriolet de la cinquième génération de la Série 3 inaugure un toit rigide rétractable.

Du fait de son importance dans la gamme, Karim Habib, le directeur du design de BMW, reconnaît que l'on ne retouche pas la Série 3 comme un autre modèle. La nouvelle évolution, dans les concessions à partir du 23 juillet 2015, évolue discrètement. Les modifications se concentrent sous le capot. La gamme s'articule autour de quatre moteurs à essence et sept versions diesels. Les puissances des nouveaux blocs s'échelonnent de 116 ch à 326 ch pour la nouvelle 340i équipée de série de la boîte automatique à huit rapports. La véritable nouveauté concerne l'adoption, pour la première fois sur la Série 3, du nouveau trois-cylindres turbo 1,5 litre équipant déjà la MINI Cooper pour la 316i. D'une puissance de 136 ch, la 316i n'émet que 116 g/km de CO_2 avec la transmission automatique à huit rapports.

Depuis l'année 2013, la gamme Série 3 s'est enrichie de nouvelles variantes de carrosserie. La première reprend la formule de la Série 5 GT. À partir d'une plate-forme rallongée de Série 3 limousine réservée au marché chinois, les designers ont ajouté un hayon arrière et relevé la hauteur de 81 mm pour obtenir un cocktail détonant commercialisé sous la désignation Série 3 Gran Turismo (GT). Allongée de 200 mm, dont 110 mm rien que pour l'empattement, la GT ne partage aucune pièce de carrosserie avec la famille Série 3. Cette prise de distance transpire au niveau des flancs cintrés et de la poupe affublée d'un aileron qui se déploie à partir de 110 km/h et qui se rétracte en-dessous de 70 km/h. À partir d'un habitacle de Série 3, la GT installe les occupants 59 mm plus haut dans une ambiance volontairement plus raffinée et plus spacieuse. Celle-ci repose sur un jonc en alu, en bois, ou peint en rouge, qui effectue le pourtour de l'habitacle et des portières, s'offrant un éclairage tamisé.

Quant au coupé issu de la Série 3, il est rebaptisé Série 4 en vertu de la nouvelle terminologie décidée par les dirigeants de la marque. La numérotation paire est réservée aux véhicules "plaisir". Le style se démarque de la Série 3. La gamme Série 4 donne naissance à une véritable famille avec l'introduction en 2014 des déclinaisons cabriolet et Gran Coupé. La première reste fidèle au toit rigide escamotable en trois parties en vingt secondes. Elle hérite des mêmes moteurs et des mêmes transmissions que le coupé : 420d de 184 ch, 428i de 245 ch et 435i de 306 ch. Tous ces blocs peuvent être couplés au choix avec une boîte manuelle à six rapports ou une automatique à huit rapports. La transmission intégrale BMW xDrive est même au programme, uniquement sur la 428i. La seconde innove, adaptant les codes de la Série 6 Gran Coupé dans un format de 4,63 mètres. Avec ses surfaces vitrées sans encadrement et ses projecteurs 100 % à leds, la Série 4 Gran Coupé présente une silhouette vraiment à part, aussi élancée qu'élégante.

Avec la sixième génération apparue à l'automne 2011, BMW a déjà produit plus de quatorze millions de Série 3. Ce record s'appuie sur un nombre important de versions et de variantes de carrosserie.

UN COUPÉ DE STANDING

Après la Série 5 et la Série 3 qui connaissent un formidable succès, l'heure est au renouvellement du coupé CS. Le Salon de Genève 1976 marque l'apparition de la Série 6 (E24). Conçu sous la direction technique de Bernhard Osswald et portant la signature esthétique de Paul Bracq, ce grand coupé de 4,75 mètres témoigne de l'ambition élevée du constructeur munichois dans le haut de gamme. Les prestations égalent les références du marché, ce que ne manque pas de souligner la presse. Les commentaires sont élogieux. Ce coupé se conduit avec une grande facilité grâce à son exceptionnel équilibre, la précision de sa direction et la qualité de son freinage assuré par des disques de freins ventilés. La puissance et la souplesse des six en ligne participent à l'agrément de conduite. Son tarif dépasse 100 000 francs dans la version 633 CSi de 200 ch à injection L-Jetronic. Ce moteur voit sa course légèrement réduite au profit d'un fonctionnement plus rond. Le modèle 630 CS doté d'un carburateur quadruple corps débite 185 ch. À la place de la boîte manuelle à quatre rapports, une transmission automatique ZF à trois rapports est proposée en option. La planche de bord inaugure une innovation spectaculaire : une centrale de commande de contrôle à sept témoins permettant de surveiller les niveaux d'huile et d'eau, de liquide de frein, de lave-glace, d'usure des garnitures de freins et de fonctionnement des feux de signalisation arrière. À la différence de ses concurrentes, Mercedes et Jaguar en tête, la Série 6 se montre très habitable pour quatre personnes.

Tout au long de sa carrière, la Série 6 connaît une foule d'améliorations visant autant à renforcer son statut qu'à séduire une clientèle particulièrement exigeante et friande des dernières innovations. C'est ainsi qu'en 1978 l'offre se complète d'une version plus performante : la 635 CSi. Le six en ligne de 3 453 cm^3 développe 218 ch. Il aura même droit à une version M. À l'été, une version 628 CSi remplace la 630 CS. Elle succombe à l'injection électronique au profit de la sobriété et de la réduction des émissions polluantes. La boîte à cinq rapports réservée au départ à la 635 CSi devient un équipement de série sur l'ensemble de la gamme. La Série 6 fait preuve d'une longévité inégalée chez BMW. Elle disparaît du catalogue en 1989 après avoir été produite à 86 216 unités.

Relancée avec la Série 6, la tradition du coupé de standing franchit une nouvelle étape avec la Série 8. La crise obligea à abandonner le projet de cabriolet en cours de développement.

⊕ UNE SURENCHÈRE TECHNOLOGIQUE

La remplaçante de la Série 6 est la vedette du stand BMW du Salon de Francfort 1989. Si le constructeur n'a pas repris la dénomination de sa devancière, comme cela est l'usage pour les autres modèles, c'est que le nouveau véhicule porte de nouvelles ambitions. Obnubilé par sa lutte avec Mercedes pour la maîtrise du marché haut de gamme, BMW a élaboré un coupé superlatif baptisé Série 8 (E31). Le style supervisé par Claus Luthe prend ses distances avec les dernières berlines de la marque. La source d'inspiration est la M1. Le nez est très fin ; les projecteurs escamotables ; le capot interminable. Ce n'est pas un hasard : il loge le nouveau V12 5 litres de 300 ch à 5 200 tr/min. Il est accouplé à une boîte mécanique à six rapports. La Série 8 se veut la carte de visite du savoir-faire technologique de la marque bavaroise. Elle multiplie les raffinements : nouvel essieu arrière multibras dit intégral, suspensions à pilotage électronique EDC, système d'antipatinage ASC +T, sièges à ceinture totalement intégrée, câblage électronique semi-multiplexé, climatisation à filtre à particules. La débauche de technologie se paie par une masse certes élevée de 1 790 kg mais dans les valeurs moyennes de la catégorie. La philosophie du véhicule s'en trouve complètement modifiée. La vocation de ce coupé 2 +2 abandonne le terrain sportif pour embrasser celle du grand tourisme. Comme la 750i, dont elle partage le V12, la 850i voit sa vitesse de pointe bridée à 250 km/h alors que ses 300 chevaux lui permettraient d'aller au-delà.
La Série 8 déclenche l'enthousiasme des amateurs de voitures de prestige. Les délais de livraison s'allongent. Mercedes propose un nouveau roadster SL particulièrement réussi et intégrant deux architectures en un avec son hard-top, BMW lance l'étude d'un cabriolet. À ce moment-là, une crise économique lamine le marché des voitures de sport et de prestige. En 1992, BMW tente bien de relancer les ventes avec une version à moteur V8 (840i) et la 850 CSi équipée d'un V12 hautes performances provenant du projet avorté de la M8, mais la clientèle a déserté. Le projet de cabriolet est abandonné. La 850 CSi présentait pourtant des prestations de haut niveau. Porté à 5,6 litres, le V12 revendiquait 380 ch à 5 300 tr/min. Le châssis adoptait quatre roues directrices. La Série 8 disparaît en 1999 après 30 621 unités produites.
BMW ne revient sur le segment des coupés de grand tourisme qu'en 2003 avec une nouvelle Série 6. Empruntant de nombreux éléments de style au concept Z9 de 1999, ce coupé dispose d'une silhouette élancée de 4,82 mètres. Les motorisations (des six-cylindres et des V8 empruntés) sont partagées avec la Série 5 et la Série 7. Un très élégant cabriolet doté d'une capote en toile renforce l'attrait de la Série 6 en 2005. Deux ans plus tard, lors du léger restylage, la Série 6 succombe au diesel, adoptant le six-cylindres 3 litres diesel équipé d'un turbo à double étage de 286 ch, soit la puissance de la M635 CSi de 1984.
Avec 116 748 unités, la Série 6 a effectué une carrière exemplaire qui mérite de se poursuivre. En 2011, la nouvelle génération est dévoilée. La formule, qui compte de plus en plus d'adeptes à travers le monde, se perfectionne. Le coupé et le cabriolet sont présentés ensemble, mais les lancements sont échelonnés, la décapotable devançant sa sœur de quelques mois. BMW est

À partir de 2003, le grand tourisme retrouve ses lettres de noblesse avec le retour du coupé et du cabriolet Série 6.

La dernière génération de la Série 6 se décline en trois variantes de carrosserie : coupé, cabriolet et GranCoupé, un coupé quatre portes très élégant (page de droite).

revenu à des lignes plus harmonieuses pour ce véhicule allongé de 74 mm par rapport au modèle qu'il remplace. Le cabriolet ménage quelques attentions : la capote se déplie automatiquement en roulant jusqu'à 40 km/h depuis le bouton de l'habitacle ou à distance *via* la télécommande, les sièges en cuir intègrent un système captant la chaleur afin d'éviter les assises brûlantes lors d'une exposition prolongée au soleil. Les harmonies de couleurs soutiennent une ambiance haut de gamme. L'avalanche de systèmes électroniques d'aides à la conduite dresse le portrait d'un comportement docile et efficace. La gamme s'articule autour de trois moteurs, tous associés à une boîte automatique à huit rapports : six en ligne essence de 320 ch (640i), six en ligne turbo diesel de 313 ch (640d) et V8 essence de 450 ch. Les deux dernières peuvent recevoir la transmission intégrale. Depuis 2012, BMW a ajouté une troisième variante de carrosserie à son offre : la Série 6 Gran Coupé. Réussite esthétique, ce modèle vise une nouvelle clientèle attirée par la fluidité des formes et la polyvalence d'une berline. Allongée de 11,3 cm au niveau de l'empattement par rapport au coupé, cette nouvelle formule à quatre portes s'intercale donc, avec ses 5 mètres de longueur, entre le coupé Série 6 et la Série 7, à qui elle rend 7 cm. Les deux passagers arrière bénéficient de l'accessibilité d'une vraie berline et d'un espace aux jambes proche de celui d'une Série 7. Et, par rapport au coupé, la largeur aux épaules et aux coudes progresse respectivement de 12,7 cm et de 11,6 cm. Bien que la carte grise mentionne cinq places, la place centrale, en raison de l'imposant tunnel central, est vraiment de secours. Cette silhouette de standing est dotée non pas d'un hayon, mais d'une malle classique qui s'ouvre sur un volume de chargement variant de 460 à 1 265 litres, banquette arrière rabattue.

⊕ LA SÉRIE 7, LE QUATRIÈME ÉLÉMENT DU PREMIER CERCLE

En 1977, avec la Série 7, BMW parachève le renouvellement complet de sa gamme, entrepris en 1972 avec la Série 5. Une sacrée performance pour une marque moribonde vingt ans plus tôt. chargés de remplacer les berlines 2500 et 3,3 Li, les nouveaux fleurons de la marque bavaroise se retrouvent face aux Mercedes Classe S qu'elles rêvent de supplanter. Devenir numéro un suppose d'être leader dans tous les domaines. Pour mettre tous les atouts de son côté, la Série 7 doit notamment devenir la référence en matière de technologies de pointe. C'est elle qui doit inaugurer les innovations et imprimer la tendance. Ses innovations au service de l'agrément de conduite, du confort ou de la sécurité ont ensuite vocation à se propager à l'ensemble des gammes. C'est ainsi que, dès 1978, la Série 7 propose le système d'antiblocage des roues au freinage (ABS). D'abord optionnel, cet équipement ne tarde pas à intégrer la dotation de série. Le nombre de technologies qu'elle a étrennées en première mondiale mériterait à lui seul un ouvrage. En 1993, elle se dote du premier radar de recul Park Distance Control et, l'année suivante, du premier système de navigation par GPS. En 2001, la quatrième génération (E65), marquée par un virage esthétique et l'intégration du système de centralisation des commandes iDrive, coïncide avec l'arrivée d'Internet dans la voiture. Huit ans plus tard, la cinquième génération est capable de lire les panneaux routiers, de visualiser les obstacles dans les coins à l'aide de deux caméras latérales, de repérer des piétons dans la nuit grâce au système Night Vision. Ces aides à la conduite, qui témoignent de la tentation du tout-sécuritaire du constructeur, n'empêchent pas la recherche d'un comportement plus dynamique et souverain. La Série 7 (F01) peut ainsi recevoir les quatre roues directrices ou la transmission intégrale. La nouvelle génération apparue à l'automne 2015 remplit plus que jamais son rôle de vitrine technologique de BMW. Ce sixième opus marque une étape décisive dans le développement rituel de la famille munichoise. Alors qu'elle réussit à abaisser son poids de 130 kg grâce à l'usage, pour la première fois dans le segment, d'éléments en plastique renforcé de fibres de carbone. Elle inaugure ainsi le parking autonome et la commande gestuelle de l'écran d'informations. Disponible en version à empattement court et long, la nouvelle Série 7 propose une nouvelle écriture du voyage automobile. Dans le cas de la version longue dénommée Limousine (5 238 mm), l'empattement est allongé de 14 cm (3 210 mm). Le passager arrière droit est installé dans un univers proche de la première classe d'avion. Dans la configuration Gran Comfort, le siège avant coulisse de 90 mm vers le pare-brise de manière à déplier le siège arrière droit à 43,5°. Bercés par la fonction massage enrichie du programme Vitalité et les programmes de divertissement disponibles à partir des écrans incrustés à l'arrière des appuie-tête des sièges avant, les occupants pourront oublier qu'ils voyagent à bord d'une automobile. Signe d'un agrément vraiment soigné, la Série 7 dispose aussi d'un hot-spot Wi-Fi et d'une recharge sans fil par induction.

Avec la Série 7, BMW défend avant tout sa réputation de motoriste. À la fin des années 1970, à l'occasion du remaniement de sa gamme, le constructeur annonce l'arrivée d'un moteur turbo. À l'heure des économies d'énergie, BMW a renoncé à produire un V8 ou un V12 qui existait pourtant à l'état de prototype pour s'appuyer sur un turbocompresseur KKK. Une solution efficace pour augmenter la puissance à un coût modéré. La 745i est lancée dans le courant de l'année 1980. Le six-cylindres en ligne de 3,2 litres produit ainsi 252 ch à 5 200 tr/min. La voiture est équipée d'une boîte de vitesses à cinq rapports, d'un différentiel autobloquant 25 %, d'un embrayage à double disque, d'un ABS et d'un correcteur automatique d'assiette sur la suspension arrière. Le V12 n'est pas totalement enterré. Il refait surface au Salon de Francfort 1986, conférant à la 750i L (E32) un standing supérieur. Depuis, l'existence du V12 n'a jamais été remise en cause. À mesure que l'on se rapproche de la fin du XXe siècle, la sobriété des moteurs devient un sujet de préoccupation majeur. L'engouement pour le diesel ne se dément pas. Dans un contexte de limitation de vitesse et de hausse du trafic, ces moteurs bénéficiant d'une grande réserve de couple à bas régime s'avèrent parfaitement adaptés à la voyageuse au long cours qu'incarne la Série 7. À Munich, on ne veut pas entendre parler de cette association considérée contre nature. Didier Maitret, le président de la filiale française, prend tout de même le risque lors d'un comité. La réponse d'Helmut Panke, alors directeur de la stratégie, fuse : c'est niet. L'évolution du marché finit par donner raison au patron français. À partir de 1995 et la génération E38, le diesel investit le capot de la Série 7.

La Série 7 de 2001 a marqué l'entrée en scène du style Bangle.

Le traitement de poupe de la Série 7 de 2001 concentrait les critiques.

La première Série 7 de 1977 affichait son lien de parenté avec la Série 6.
La planche de bord de la 740i de 1993 témoigne du soin porté à l'ergonomie.

La Série 7 E65 a introduit la planche de bord à double casquette.

L'ambiance intérieure de la dernière génération de la Série 7 lancée en octobre 2015.

UNE FAMILLE SOUS LE SIGNE DU Z

Au début des années 1980, BMW est un constructeur établi et envié. Sa gamme composée du noyau dur des quatre familles de modèles cumule les succès. Quelques symptômes attestent que le bureau d'études court le risque de s'enferrer dans un train-train. La somnolence guette à force de renouveler les modèles selon un ballet parfaitement ordonnancé. Il faut réveiller la créativité. Le 1er janvier 1985, BMW crée la filiale BMW Technik GmbH. Selon une note de service, elle "est chargée de réaliser dans le domaine technique automobile des études propres à redéfinir ou modifier les orientations fondamentales et à fixer de nouvelles tendances". En matière de tendances, BMW perçoit un frémissement pour les voitures plaisir. Les marchés semblent friands d'une version moderne du roadster anglais des *sixties*. La première mission d'Harm Lagaay, directeur des études de la nouvelle division de BMW, consiste à formaliser "la liberté sur quatre roues". Assez rapidement, la direction des études écarte le concept du moteur central arrière pour se concentrer sur le projet à moteur à l'avant. À la fin de l'année 1985, le Directoire découvre le prototype roulant Z1 E. BMW Technik a six mois pour finaliser le véhicule. Ulrich Bez, responsable des six départements travaillant sur le véhicule, s'enflamme : "Le plaisir de conduire est si intense que l'on a l'impression de piloter une moto à quatre roues." Eberhard von Kuenheim partage cet avis. C'est exactement la voiture qu'il faut à son fils. Maintenant que le président a donné son visa, il faut accélérer le développement et la faisabilité industrielle. La Z1 est incontestablement la vedette du Salon de Francfort 1987. Avec ce premier roadster de la famille Z, BMW agrège un nouveau cercle au noyau dur. Construite sur un empattement de 2,45 mètres pour une longueur de 3,92 mètres, la Z1 fera date dans l'histoire de BMW. Si elle recourt à de nombreux organes de la série, à commencer par la plate-forme de la Série 3 E30 et le moteur six cylindres 2,5 litres de 170 ch, elle se singularise par sa

Sorte de moto sur quatre roues, le Z1 a connu un engouement sans précédent.

Le roadster Z1 a été conçu par les ingénieurs de la division M Technik GmbH.

conception. Le cadre monocoque galvanisé à chaud reçoit une carrosserie constituée d'éléments en thermoplastique aisément démontables. Les portières s'escamotent entièrement dans les flancs de sorte que l'on peut s'offrir la fantaisie unique de rouler portière ouverte. La boîte de vitesses à cinq rapports est rejetée à l'arrière selon le principe "transaxle". Malgré le tarif de 80 000 marks, l'engouement est spectaculaire. Les cadences de production limitées à cinq véhicules par jour sont portées à neuf. Cela ne suffit pas à répondre à la demande et la spéculation s'empare de la Z1. Sa carrière est arrêtée en 1991 lorsque le huit millième exemplaire quitte l'atelier, mais la voie est tracée.

⊕ LA DÉMOCRATISATION DU ROADSTER

Emblème d'une nouvelle génération de roadsters simples et bon marché, la Mazda Miata fait fureur aux États-Unis. Elle joue le rôle d'éclaireur pour BMW. Eberhard von Kuenheim voit à travers la commercialisation d'un petit roadster un moyen de diversifier son portefeuille produits, mais également une façon de franchir une nouvelle étape dans l'internationalisation du groupe. Et comme son principal débouché devrait être les États-Unis, BMW a intérêt à le produire là-bas. Le 30 septembre 1992, von Kuenheim pose, à Spartanburg, en Caroline du Sud, la première pierre de l'usine américaine de BMW. À sa manière, le constructeur montre que le "made by BMW" est plus important que le "made in Germany". En 1995, les premiers exemplaires du nouveau roadster sortent de chaîne. Joliment dessiné, la Z3 offre un vent de fraîcheur. Contrairement au Z1, ce véhicule prône l'accessibilité. Son tarif débute à 154 900 francs alors que celui de la Z1 dépassait 360 000 francs. Deux moteurs à quatre cylindres sont proposés au lancement : 1,8 litre de 115 ch et 1,9 litre seize soupapes de 140 ch. Les six-cylindres n'ont pas été sacrifiés. Ils font partie de développements ultérieurs. La gamme Z3 s'enrichit aussi à partir de 1998 d'un original coupé, uniquement accompagné du six en ligne 2,8 litres (193 ch) puis 3 litres (231 ch).

Le roadster Z3 a permis à une nouvelle clientèle d'accéder à l'univers BMW.

Lancé avec des quatre-cylindres, le Z3 accueille rapidement des six en ligne sous son long capot.

Si le Z1 n'a pas eu de dérivé, le Z3 sera dérivé en version coupé. La dernière version 3 litres de 231 ch est la plus prisée en dehors des modèles M. Apparue en 2000, la Z8 est un hommage à la 507. Ce roadster produit en série limitée appartient à l'élite des voitures de sport.

⊕ INSPIRATION POST-MODERNE

L'une des premières initiatives de chris Bangle, lorsqu'il arrive au design BMW, est d'aller visiter le musée. Le lieu est une source d'inspiration inépuisable. Il en revient avec une lubie : ressusciter l'esprit du roadster 507. Le rêve devient réalité au Salon de Tokyo 1997 où est présenté un concept car réalisé par le studio Designworks basé à Newbury Park, au nord de Los Angeles. Dessinée par Henrik Fisker, l'étude Z07 se nourrit des formes sensuelles de son aîné. La direction donne son feu vert à la production d'une petite série. En passant du stade de prototype à celui de voiture de série, le véhicule perd le profilage de l'appuie-tête. Commercialisé sous la dénomination Z8, le roadster exclusif arrive sur le marché en 2000 au tarif de 820 000 francs. Malgré le clin d'œil au passé et l'hommage à la 507, ce roadster est résolument moderne. Il puise sa technologie dans le meilleur de la banque d'organes BMW. Le groupe motopropulseur dérive directement de celui de la M5 avec le V8 5 litres fournissant 400 ch à 6 600 tr/min et la boîte manuelle à six rapports. Il prend place en position centrale avant dans un châssis de type *space frame* se composant d'un treillis en aluminium. En matière de trains roulants, la Z8 marie un essieu avant de Série 5, avec ses jambes de force et son triangle inférieur, et un train arrière multibras de Série 7. Les performances renvoient à la catégorie des voitures de sport : le 0 à 100 km/h en 4,7 secondes. La production limitée de ce véhicule exclusif ne doit pas dépasser cinq mille exemplaires. Ce quota sera finalement un peu dépassé avec les versions Alpina. La remplaçante du Z3 en 2003 succombe à la révolution Bangle. Devenu Z4, le roadster BMW alterne les surfaces concaves et convexes. L'arrière est tronqué, le museau relevé boursouflé est relevé. L'ensemble perd en fluidité. Fort du succès de la Z3, BMW s'est mis à rêver d'une montée en gamme. La Z4 carbure uniquement au six en ligne et il faudra attendre le millésime 2006 pour voir arriver une version plus accessible élaborée à partir du quatre-cylindres 2 litres de 150 ch. La même année, la Z4 se décline en coupé (3.0si de 265 ch). Inutile de se voiler la face, la Z4 n'a pas connu le succès escompté. Lorsque BMW planche sur son successeur, il donne la priorité à l'élégance des lignes, au confort et à la polyvalence. De la compétition interne émerge le projet de la styliste Juliane Blasi. Particulièrement réussie sur le plan du style, la Z4 lancée en 2009 marque un tournant pour la firme bavaroise puisqu'il se convertit au toit rigide escamotable. Ce concept, qui n'est pas nouveau, a été ressuscité par la Mercedes SLK en 1996. L'habitacle est signé par une autre femme, Nadya Arnaout. Elle s'est inspirée du Z8 pour la planche de bord épurée et centrée autour du conducteur. Lors du lancement, le standing du nouveau roadster ne s'accorde qu'avec des six en ligne. Les amateurs des mélodieuses mécaniques bavaroises adhèrent, mais les tarifs s'envolent. Des quatre-cylindres à la technologie TwinPower Turbo finissent par arriver : sDrive28i (245 ch), sDrive20i (184 ch) puis, en 2012, un sDrive18i de 156 ch.

Le roadster Z4 de 2009 innove en accédant au toit rigide escamotable. Son style est l'œuvre de deux femmes, Juliane Blasi pour l'extérieur et Nadya Arnaout pour l'intérieur.

NÉES SOUS X

La gamme X réunit les véhicules de loisir que l'on a désormais pris l'habitude d'étiqueter sous le diminutif SUV (Sport Utility Vehicle). Ces modèles constituent le troisième cercle de BMW. Un cercle de première importance puisque les modèles X ont participé, au premier chef, à l'accélération de la croissance du constructeur. Depuis les premiers X5 commercialisés en 1999, BMW peut se targuer d'avoir vendu plus de quatre millions de SUV. Dès le milieu des années 1990, les différents départements du constructeur identifient l'émergence d'une demande en faveur de véhicules surélevés mariant les capacités tout-chemin d'un 4 x 4 et le comportement dynamique d'une routière. À vrai dire, ce véhicule existe déjà dans le catalogue Land Rover depuis le début des années 1970 sous la forme du Range Rover. Cela tombe bien puisque, au moment où BMW commence à s'intéresser à ce type de véhicules, le constructeur anglais lui appartient. Jouissant d'une image au

Avec le X5, BMW est l'un des premiers constructeurs à anticiper l'explosion des SUV sur l'ensemble des marchés mondiaux.

zénith, BMW se refuse à commercialiser les modèles anglais dans ses concessions. En même temps, il n'est pas question d'être absent de ce marché de niche balbutiant. Porsche et Volkswagen ont manifesté leur intention de proposer le leur au début des années 2000. Mercedes travaille aussi sur un véhicule qui va donner naissance au ML en 1997. Les premières esquisses du SUV BMW remontent à l'année 1994. Elles proviennent du bureau de style californien. Et comme le marché américain va écouler pratiquement 90 % des volumes, BMW s'empresse d'annoncer que la voiture sera fabriquée dans l'usine de Spartanburg.

Le rideau se lève au Salon de Detroit 1999. Prénommé X5 en référence à sa longueur de 4,67 mètres, ce véhicule d'un genre nouveau s'apparente à une Série 5 surélevée. Les codes esthétiques sont ceux des modèles de la gamme : porte-à-faux courts, calandre à double haricot, pli Hofmeister, grandes roues. La finition et la motorisation, le V8 4,4 litres à quatre soupapes par cylindre de 286 ch, classent le X5 dans la catégorie des véhicules de luxe. Dans les allées du Salon du Michigan, les commentaires sont élogieux. Reste à savoir si le ramage vaut le plumage. Largement inspiré par la technologie Land Rover, ce 4 x 4 repose sur une caisse autoporteuse en acier. Les trains roulants associent un essieu avant de conception nouvelle, à jambes de suspension à articulation double, avec barre stabilisatrice et amortisseurs à gaz, et un essieu arrière multibras de Série 7. Le X5 est équipé en série d'un correcteur d'assiette à commande électronique basé sur la suspension à ressorts pneumatiques. Si le véritable franchissement lui est interdit, ce véhicule peut toutefois s'aventurer hors des sentiers battus grâce à ses aides électroniques : contrôle dynamique de la stabilité (DSC), complété par un différentiel de freinage automatique (ABD-X) et un contrôle intelligent de l'adhérence en descente (HDC). La fonctionnalité n'a pas été négligée. Le X5 adopte un hayon à double ouverture, la partie supérieure vitrée étant indépendante de la partie inférieure tôlée. Abaissée, celle-ci forme une surface de chargement pouvant supporter 200 kg. Le volume varie de 450 litres à 1 550 litres grâce à la banquette arrière fractionnable 60-40. Doué de polyvalence, ce véhicule marie la capacité d'un break, l'agrément fourni par une position dominant la route, une image décontractée et un comportement routier dénué de roulis. Dès l'année 2000, l'usine de Spartanburg produit 45 007 véhicules. L'année suivante, elle double le volume. Pour l'Europe, BMW a développé des versions plus économiques, à partir de six-cylindres à essence et diesels. Sur le marché français, la progression atteint 72 % entre 2002 et 2003.

La planche de bord du premier X5 s'inspire largement de celle des berlines de la marque.

Le X5 de 1999 s'apparente à une Série 5 surélevée. La technologie des quatre roues motrices est empruntée à Land Rover.

UNE FAMILLE NOMBREUSE

Le X5 n'est que le premier élément d'un plan ambitieux. À partir de l'année 2003, le constructeur déploie son offre en matière de véhicules de loisirs en multipliant les silhouettes de carrosserie. Le X3 apparaît en fin d'année 2003 et, comme le chiffre l'indique, il emprunte une partie de son soubassement à la Série 3. Il ne rend que 10 cm en longueur, 2 cm en largeur et 5 cm en hauteur à son grand frère X5. Si la finition est moins cossue, le X3 accueille toutefois des six-cylindres en complément des quatre-cylindres. De nouveau précurseur avec ce SUV compact, BMW conquiert une clientèle qui n'aurait jamais franchi les portes d'un distributeur de la marque auparavant. Durant les années 2004 et 2005, BMW produit autant de X5 que de X3.

Loin de se reposer sur ses lauriers, le constructeur a identifié une nouvelle niche. C'est ainsi qu'au cours de l'année 2007 est présenté le X6, un SUV croisé avec un coupé. Reconnaissable à son hayon arrière très incliné, ce Sport Activity Coupé s'adresse aux clients lassés des SUV traditionnels et à ceux désireux de se distinguer. Malgré sa taille imposante (4,87 m de long pour presque 1,70 m de haut et surtout 1,98 m de large), ce 4 x 4 se distingue par sa formule quatre places en configuration standard.
Une option cinq places sera néanmoins proposée. Voulu plus agile que le X5, le X6 adopte une direction active AFS et le système de gestion du couple DPC sur l'essieu arrière. La gamme ne reprend que les motorisations les plus puissantes du X5.

Avec le X3, petit frère du X5, BMW creuse le sillon du SUV dès 2003 et prend de vitesse tous ses concurrents.

Après le X6, on pouvait penser que BMW s'en tiendrait à trois modèles. C'est méconnaître le constructeur, qui pousse son avantage jusqu'à élaborer un modèle encore plus compact que le X3. Le X1 prend la route en 2009. Ce véhicule défriche un nouveau terrain et vient chasser sur les terres des berlines compactes et des monospaces. Développé à partir de la Série 3 Touring, ce modèle de 4,45 mètres est raccourci et surbaissé de 12 cm par rapport au X3. Le style emprunte ses références aux dernières réalisations de la marque. Véhicule d'entrée de gamme et, pour beaucoup, d'accession à la marque BMW, le X1 est disponible en version à deux ou quatre roues motrices. Pas question de déroger à l'ADN de la marque : la première version reste attachée à la propulsion (sDrive). Incarner l'entrée de gamme n'empêche pas le X1 de proposer des six-cylindres au catalogue.

Les quatre modèles de la famille X ont été renouvelés au moins une fois depuis leur commercialisation. Le X5, deux fois. La troisième génération (F15) apparue fin 2013 rehausse le statut de ce best-seller, vendu à déjà plus de 1,4 million d'unités depuis 1999. Allongé de 3 cm et abaissé de 1 cm, ce 4 x 4 peut toujours recevoir sept personnes sur trois rangées. La puissance des blocs essence et diesels s'étend de 218 ch à 450 ch.

Le SUV est décidément une affaire qui roule pour BMW. À l'occasion du Salon de Shanghai 2013, le constructeur a levé le voile sur un concept préfigurant un coupé X3. Apparu sur le marché au premier semestre 2014, ce cinquième modèle de la galaxie X se distingue de la masse avec sa chute de pavillon très inclinée, le faisant passer pour un petit X6. Il se contente d'une longueur de 4,67 mètres, à 13 mm près de la longueur du X3. Comparé à ce dernier, le X4 est surbaissé de 36 mm.

Manifestement, BMW n'est pas encore au bout de la logique de diversification de la gamme X. Une place a été identifiée pour un véhicule plus spacieux que le X5, de manière à concurrencer les Mercedes GL et Range Rover rallongé et les grands SUV américains. Le X7 couronnera la gamme à l'horizon 2017-2018 et s'adressera principalement aux marchés américain, chinois et russe.

Composée de cinq modèles (X1, X3, X4, X5 et X6), la gamme X a déjà été produite à plus de quatre millions et demi d'unités.

La famille des 4 x 4 a permis à BMW de changer de dimension. Le constructeur réfléchit désormais à augmenter l'offre de silhouettes. Un X7 est d'ores et déjà annoncé.

DES BERLINES COMPACTES POUR SE DIVERSIFIER

Pourquoi BMW commence-t-il à la Série 3 et pas à la Série 1 ? Cette question empreinte de bon sens a été posée voici quelques années par un enfant visitant le Salon de l'automobile. Effectivement, pourquoi la nomenclature des modèles munichois ne débute pas au chiffre 1 ? Cela finit par arriver. Le résultat d'un concours de circonstances. Au début des années 1990, le Directoire souhaite élargir le socle de la gamme et investir le segment des berlines compactes. Un rôle dévolu à Rover que Bernd Pischetsrieder, le président de BMW, vient de racheter. Mais rien ne se passe comme prévu, et BMW se sépare du patient anglais début 2000. La question de la catégorie compacte reste entière. Pendant qu'il solde l'épisode Rover, BMW redéfinit sa stratégie pour les années 2000. Au sein de son programme, la "petite" BMW fait partie de ses priorités. La Série 3 Compact a ouvert la voie des berlines compactes et incité le constructeur à développer une vraie famille de produits. Les ingénieurs veulent une voiture à forte personnalité et possédant les gènes d'une véritable BMW. La Série 1 arrive sur le marché au premier semestre 2004. Elle est immédiatement identifiable à un modèle de la firme munichoise. BMW ne s'est pas contenté d'investir un segment archi-disputé avec une formule conventionnelle. Ses arguments sont percutants : le moteur est placé en long en arrière des roues avant et les roues arrière sont motrices. L'espace disponible sous le capot laisse la possibilité d'installer des six-cylindres. Certes, malgré l'empattement long (2,66 m), l'habitabilité aux places arrière et la capacité de chargement sont comptées, mais le comportement routier surclasse l'ensemble du marché sur le plan du dynamisme. Rebelote : BMW récite sa leçon sur les déclinaisons de carrosserie. La Série 1 a le droit à une version cinq portes et une trois portes, un coupé et un cabriolet. Tout ce beau monde partage un maximum de composants et d'organes. À la fin de son mandat, la famille Série 1 peut se vanter d'avoir séduit deux millions d'automobilistes à travers le monde. La nouvelle génération commercialisée à partir de 2011 conforte le succès. BMW décline une nouvelle fois sa recette. Sauf que, cette fois-ci, le coupé et le cabriolet prennent leurs distances en se conformant à la nouvelle terminologie mise en place et voulant que les véhicules plaisir se reconnaissent à leur numérotation paire. Le coupé et le cabriolet issus de la Série 1 prennent l'appellation Série 2. Ils se démarquent de la berline par une face avant spécifique et des vitres sans encadrement.
Au début de l'année 2015, c'est au tour de la Série 1 de s'offrir une cure de jouvence. Le style évolue en profondeur. La face avant est remaniée et les feux arrière sont désormais en L.

Apparue en 2004, la Série 1 a hérité de la tradition BMW. Elle est proposée en de multiples variantes : berline trois et cinq portes, coupé et cabriolet.

Tous les modèles sont dotés de l'injection directe et de la technologie Twin Power turbo. Cinq blocs essence et autant de diesels composent l'offre. La gamme essence hérite du nouveau trois-cylindres 1,5 litre (116i) de 109 ch. Sa consommation normalisée est annoncée entre 5 litres et 5,4 litres aux 100 km, soit des émissions de CO_2 comprises entre 116 et 126 g/km. La palme de la sobriété revient à la 116d à moteur trois cylindres 1,5 litre de 116 ch et 270 N.m de couple. Ce modèle se décline en deux versions : 116d et 116d EfficientDynamics Edition. Grâce à quelques aménagements, ce second modèle bat de nouveaux records de consommation : 3,4 litres aux 100 km, soit des émissions de CO_2 réduites à 89 g/km. Cette Série 1 est la dernière d'une époque bientôt révolue. En effet, BMW a confirmé que la troisième génération de la Série 1 programmée à long terme reposera sur la nouvelle architecture traction du groupe.

La génération actuelle de la Série 1 a bénéficié au cours du premier semestre 2015 de profondes retouches stylistiques.

UNE NOUVELLE ARCHITECTURE TRACTION

La virulence de la crise de 2008 éveille les consciences. Les marchés chutent en l'espace de quelques semaines. Les répercussions sont énormes sur l'organisation industrielle. Chez BMW, où la décennie 1950 a laissé une grande culture de la prudence, Norbert Reithofer, le président du Directoire, réunit ses équipes pour échafauder des scénarios permettant de mieux répartir les volumes entre les principales zones géographiques. Dans le dispositif, la Chine ne dispose-t-elle pas d'une position trop dominante ? Et si le marché venait à décrocher ? "La Chine est une drogue, a dit le président", raconte Didier Maitret. La meilleure façon d'en sortir est de redonner un peu de pouvoir aux autres marchés, principalement à l'Europe, qui reste le socle de la marque. Après étude approfondie de tous les segments, BMW arrive à la conclusion que le seul ayant encore un fort potentiel et où il n'est pas encore présent est celui des monospaces compacts. La direction donne son visa, à condition que le véhicule conserve les gènes de la marque. Avec ce nouveau modèle, BMW quitte définitivement le clan des spécialistes pour investir le territoire des généralistes. Cette stratégie se fonde sur des études consommateurs qui prédisent l'envolée du marché mondial des compactes et de leurs déclinaisons premium. Il devrait passer de 6,57 millions aujourd'hui à 10,62 millions en 2020. Au passage, BMW y voit un moyen de conforter sa position de leader mondial du premium et de creuser l'écart avec Mercedes et Audi. Le concept Active Tourer du Mondial de l'automobile 2012 est porteur de plusieurs révolutions.

La première d'entre elles concerne l'abandon des principes fondateurs de la marque, à savoir la propulsion et le moteur en long. Pour donner corps à sa stratégie d'expansion, BMW a donc développé une plate-forme architecture traction avant modulable destinée à une nouvelle génération de berlines positionnées en-wdessous de la Série 1, à une gamme de monospaces et aux modèles de la marque MINI. Sous la houlette de Karim Habib, les designers ont toutefois réussi à éviter les écueils d'une silhouette monocorps en dessinant un vrai capot avant et un pare-brise très incliné. De fait, malgré des dimensions aux standards de la catégorie (4 342 x 1 834 x 1 560 mm), ce monospace affiche plutôt l'allure d'une berline surélevée. Lancée dans le courant de l'année 2014 avec une gamme de motorisations et des tarifs en harmonie avec l'image premium de BMW, la Série 2 Active Tourer connaît un succès

La Série 2 Active Tourer, le premier monospace de l'histoire BMW, commercialisée fin 2014.

sans précédent. Le constructeur a pensé à tout et double son offre au début de l'année 2015 d'une version pouvant loger sept personnes sur trois rangées. Baptisé Gran Tourer, ce grand monospace se reconnaît à sa hauteur augmentée de 53 mm par rapport à son frère. Il se distingue encore, autour d'un empattement de 2 780 mm, par une carrosserie allongée de 214 mm pour atteindre 4 556 mm. En version cinq places, la capacité de chargement varie de 645 litres à 1 905 litres. Et en version sept places, elle s'étend de 560 litres à 1 820 litres, toujours selon la configuration de la banquette arrière, largement modulable. Celle-ci coulisse sur une longueur de 130 mm et se rabat selon le schéma 40-20-40. La troisième rangée s'escamote aussi dans le plancher du coffre.

Après la dernière génération de MINI, les Série 2 Active Tourer et Gran Tourer, c'est au tour du nouveau X1 lancé à l'automne 2015 de reposer sur la nouvelle architecture UKL. Plus SUV que jamais, sa ligne gagne en standing avec des codes typiquement BMW: calandre évasée, haricot bombé, capot sculpté et biseauté au niveau des optiques, porte-à-faux réduits, nervure latérale traversant les poignées de portes, feux arrière empiétant sur les ailes. Par rapport à son prédécesseur, ce X1 perd 36 mm en longueur alors que la hauteur progresse de 53 mm au profit de l'habitabilité et de la position de conduite surélevée. Le niveau des prestations est relevé avec de nombreux équipements provenant des gammes supérieures. Le X1 est proposé en versions deux ou quatre roues motrices, associées à la dernière génération de moteurs quatre cylindres particulièrement sobres.

Y a-t-il encore de la place dans la gamme BMW pour un produit ou une famille de modèles supplémentaires? Pas un jour ne passe sans que les responsables de la marque s'interrogent. Les prochaines semaines et les prochains mois permettront d'apporter des éléments de réponse légitimes à cette question pour une marque qui aspire à pérenniser sa place de numéro un des constructeurs premium.

Les monospaces Série 2 Active Tourer et Gran Tourer sont les deux premiers modèles BMW à se convertir à l'architecture traction. Le nouveau X1 y a succombé à l'été 2015. D'autres modèles d'entrée de gamme vont suivre le mouvement dans les années à venir.

4

LE DESIGN AU SERVICE D'UNE PHILOSOPHIE

Que l'on se trouve à Berlin, Stockholm, Moscou, New Delhi, Shanghai, Le Cap ou Adélaïde, une BMW est reconnaissable entre mille. De tout temps, les modèles de la marque partagent des traits de caractère qui les distinguent des autres constructeurs et une ergonomie mise au service du plaisir de conduite. Chez BMW, les formes servent la fonction. L'esthétique met en valeur l'architecture et la technologie.

DES CODES IMMUABLES

Il faut y voir un signe de bonne santé : depuis 1933, le style BMW s'est constitué un territoire à l'intérieur duquel il évolue au gré des exercices, des besoins et des périodes. Alors que la plupart des constructeurs dépensent beaucoup d'énergie à formaliser périodiquement leur ADN sur des prototypes de Salon et éprouvent le besoin permanent de redéfinir leurs codes, la firme bavaroise est un exemple assez unique dans le secteur. Elle est en effet la seule à suivre une charte de règles immuables. Ce cadre de travail est loin d'être vécu comme une contrainte par les designers. Il se compose de la double calandre souvent surnommée "les naseaux" et du double rond BMW à l'extrémité du capot. La calandre en double haricot a été sauvée par Herbert Quandt. À la fin des années 1950, en raison de son coût de revient élevé, les stylistes voulaient s'en débarrasser.

Depuis le début des années 1960, un autre gène s'est imposé : la pliure singulière de la vitre latérale arrière, baptisée en interne "Hofmeister Knick". Attribuée au designer Wilhelm Hofmeister,

responsable du bureau de style de la marque entre 1955 et 1970, cette découpe si particulière a été imaginée par Giovanni Michelotti pour la berline 1500 dévoilée en 1961. Depuis cette date, la courbure de la vitre arrière est ajustée au millimètre.
L'équilibre des proportions, les porte-à-faux réduits, la nervure latérale traversant les poignées de portes et une faible épaisseur de tôle au-dessus des roues constituent les autres traits de caractère des BMW. Cette charte se met en place progressivement et, à partir du début des années 1970, elle s'applique à l'ensemble des productions.
On ne saurait sous-estimer le rôle prépondérant de la technique dans la définition du style BMW. Les formes mettent en évidence l'architecture propulsion et une répartition idéale des masses, garante du dynamisme de conduite. De la longue tradition du six-cylindres en ligne, le design a conservé un long capot et l'empattement long.

⊕ LES PREMIERS PAS DE L'AÉRODYNAMIQUE

Paul Jaray est l'un des premiers stylistes dont les travaux sur l'aérodynamique inspirent les réalisations BMW. Né à Vienne, ce juif d'origine hongroise appartient à une famille d'artistes. Son grand-père, Sigmund Jaray, est un architecte d'intérieur réputé. Son grand-oncle Sandor est sculpteur. BMW s'appuie aussi sur la créativité de Josef Ganz. Munich fait appel à ce consultant pour réaliser la première version de la 3/20 (1932) avant d'embaucher Fritz Fiedler. L'influence de cet ingénieur est manifeste. Sous sa direction prend forme une importante lignée de véhicules : 303, 315, 326, 328. Il dirige Peter Szymanowski, à qui BMW confie la tête du studio de style extérieur. Ce dernier revendique la paternité du cabriolet 328 dont les formes profilées relèvent d'une étude poussée en soufflerie. À partir de 1937, il travaille sous la direction de Wilhelm Meyerhuber, engagé pour créer le premier bureau de style du constructeur. Auparavant, ce styliste a débuté sa carrière chez Opel, ce qui l'amène à se rendre au siège de la maison mère General Motors dans le Michigan. Son travail porte sur la réalisation de carrosseries largement influencées par les recherches sur l'aérodynamique et l'amélioration de l'écoulement de l'air. BMW s'appuie sur les travaux de l'Institut pour la recherche sur les transports et les moteurs (FKFS) animé par Wunibald Kamm. L'aérodynamicien va poser sa signature sur une carrosserie profilée de coupé engagé aux Mille Miglia 1940. Quant à Meyerhuber, il dessina le roadster 328 Mille Miglia. Il est aussi à l'origine de la première maquette en clay à l'échelle 1 de la future BMW 385. En raison de la guerre, la voiture ne sera jamais réalisée. La paix revenue, il s'installe à Karlsruhe où il exerce son activité de styliste en tant qu'indépendant.

Lorsque l'activité automobile redémarre après le conflit mondial, Peter Szymanowski revient à Munich où il dessine les lignes baroques de la berline 501 et de sa sœur 502 à moteur V8. Mais le style BMW est à bout de souffle. Il a besoin de se régénérer. Le vent de fraîcheur va venir des États-Unis. Max Hoffmann, le distributeur des marques européennes de l'autre côté de l'Atlantique, a demandé au comte allemand Albrecht Graf Goertz de dessiner des projets de roadsters pour le compte de BMW. Avant la guerre, le styliste a fui le national-socialisme pour New York. Un soir où il a garé le modèle qu'il a lui-même construit devant le Waldorf-Astoria, ce passionné de voitures croise le chemin du designer français Raymond Loewy. Cette rencontre va être déterminante. Il profite des relations de Loewy pour effectuer un stage chez Studebaker. Il est finalement congédié, ses employeurs estimant qu'il n'est pas doué pour le dessin et qu'il devrait se tourner vers une autre activité. N'écoutant que son cœur, il ouvre un bureau de style en 1953. C'est à cette époque que le destin frappe une seconde fois à sa porte. Il rencontre Max, qui est train de faire la fortune de Mercedes et de Porsche. Il souhaiterait à présent distribuer sur le sol américain une voiture de sport équipée du V8 BMW. Il suggère à Albrecht Graf Goertz de réaliser des projets et de les adresser à Munich. Les dessins retiennent l'attention, et le comte est convoqué à Munich. Après le coupé 503 et le cabriolet 507, le styliste américano-allemand est sollicité par les dirigeants de BMW pour poursuivre sa coopération. L'entreprise allemande moribonde n'est pas capable d'accéder à ses exigences financières et le coupé 700 se fera sans lui. Il reconnaîtra même avoir proposé le nom de Giovanni Michelotti pour réaliser la petite BMW commercialisée en 1959.

Les travaux du styliste Peter Szymanowski, auteur du roadster 328, sont marqués par l'influence grandissante de l'aérodynamique. Pièce unique, le coupé 328 Kamm conçu pour les Mille Miglia de 1940 en est une parfaite illustration. En 1940, il règne encore une grande créativité au sein du studio de style. À côté de la 330 réalisée par Ambi Budd et du roadster MM, le projet en clay 322 mobilise toute l'attention du styliste Karl Schmuck, de Wilhelm Meyerhuber, responsable du style et de Wilhelm Kaiser, responsable du style des carrosseries.

Durant les années 1950, le bureau de style créé par Wilhelm Meyerhuber multiplie les projets. Le responsable du département passe beaucoup de temps devant sa planche à dessin (en bas à gauche). En 1954, l'influence américaine transpire dans le projet d'une berline de luxe quatre portes bicolores, noir et jaune.

⊕ UN FLIRT AVEC L'ITALIE

Ce n'est pas un hasard si le constructeur allemand franchit les Alpes. La carrosserie italienne vit son âge d'or. Elle accompagne la naissance de nouvelles marques qui se spécialisent dans la production d'automobiles d'exception. Dans le sillage de Pininfarina, Touring ou encore de Zagato, Ghia et Bertone, qui concentrent l'essentiel des contrats avec les constructeurs, de petites officines tentent de se faire une place. Michelotti est de celles-là. Son fondateur, Giovanni Michelotti multiplie les exercices. Au cours des années 1950 et 1960, il est réputé pour être le styliste italien le plus prolifique. Il travaille en sous-traitance pour d'autres carrossiers dont Allemano et Vignale. On lui doit notamment le dessin de l'Alpine A106 Cabriolet de 1957, qui donnera naissance à la berlinette Tour de France. Dans le cadre de sa collaboration avec Triumph, il signe l'Herald. La même année, il imagine la BMW 700. Pour la réalisation de la Neue Klasse, Munich devrait pouvoir s'appuyer logiquement sur Wilhelm Hofmeister. En charge du bureau de style depuis 1955, ce designer né à Stadthagen, en Basse-Saxe, a été le premier adjoint de Szymanowski. Il connaît tellement bien le fonctionnement de la maison qu'il a appris à faire travailler les autres. Sa réputation de fainéant n'est pas usurpée et la berline 1500 portera la signature du carrossier italien. Michelotti est de nouveau sollicité pour dessiner le coupé 1602. C'est aussi sous la direction de Hofmeister que Bertone habille le dernier coupé V8 bavarois des années 1950.

Autour de la plate-forme de la berline 1500 dont il a esquissé les lignes, le styliste italien Michelotti réalise un projet de coupé.

LES *SEVENTIES*, UNE PÉRIODE D'UNE INTENSE CRÉATIVITÉ

Au cours des années 1960, BMW élabore sa stratégie pour les dix ans à venir. Le constructeur a programmé un plan ambitieux. Pour l'accompagner, le bureau de style a besoin de sang neuf. L'époque est féconde. Eberhard von Kuenheim va bientôt prendre en main les destinées de l'entreprise. En 1972, Munich accueillera les jeux Olympiques. Cet événement doit être le cadre du lancement de la remplaçante de la berline 2000 Tilux. Les performances des réalisations bavaroises interpellent de nouveau Max Hoffman. Le coupé 1602 ferait un excellent coupé roadster pour le marché américain, pense-t-il. Il se rapproche de Paul Bracq, qui œuvre chez Brissonneau et Lotz, à Creil. Ce carrossier picard, spécialiste des petites séries, réalise notamment les caisses de l'Opel GT. Il vient d'embaucher Paul Bracq. Né le 13 décembre 1933 à Bordeaux, le dessinateur et sculpteur Paul Bracq est diplômé de l'école Boulle. Il vient de chez Mercedes où il a signé la fameuse Pagode et la limousine 600. chez Brissonneau, il est ainsi chargé de dessiner la 1600 Ti. Mesurant à peine 4 mètres, le projet fait sensation tant auprès des décideurs de BMW que d'Hoffmann. Il réunit tous les codes de marque : des proportions équilibrées, des porte-à-faux ultracourts, tout en livrant une nouvelle interprétation du visage BMW avant, avec son capot en pointe. Le constructeur a donné son aval pour la production en petite série de la 1600 Ti. Le programme ne sera finalement pas mené à son terme. Les constructeurs français, principaux donneurs d'ordre de Brissonneau & Lotz, s'y sont opposés. Quant à Paul Bracq, il a gagné son ticket d'entrée au sein du bureau de style BMW. Avec Wilhelm Hofmeister, il forme une direction bicéphale. Ses idées novatrices relayées par Bob Lutz, nommé directeur des ventes, lui permettent de s'imposer rapidement. Son premier projet concerne la finalisation du style de la berline 520. Il doit néanmoins sans cesse batailler contre la technique qui chapeaute le style. Si son travail l'amène à dessiner des berlines et des coupés, l'univers de Paul Bracq est bercé par l'imaginaire des 24 Heures du Mans, à l'époque épreuve reine du sport automobile. Celle qu'il faut absolument accrocher sur un CV. Il rêve de prototypes et de voitures de sport à moteur arrière.

Avant de rejoindre Munich, Paul Bracq réalise un premier projet de coupé BMW pour le compte de la carrosserie Brisonneau & Lotz, à Creil.

⊕ PAUL BRACQ, LE PÈRE DES BMW MODERNES

Peu de temps après son arrivée, le Français montre qu'il sait travailler vite et bien. Mercedes organise à Stuttgart une grande exposition sur la sécurité. La firme à l'étoile mais aussi General Motors ont prévu d'y exposer des prototypes. BMW ne peut se payer le luxe de réaliser un véhicule. En même temps, il est hors de question d'être absent. À quelques jours de l'événement, Paul Bracq démontre son habileté. "Je suis allé acheter du papier Canson le samedi matin et j'ai passé tout le week-end à dessiner un concept. J'ai ensuite photographié le dessin que j'ai adressé à la presse", racontera le designer. Les journaux publieront le projet BMW qui n'a jamais existé physiquement. La période est d'une grande fertilité. En quelques semaines à peine, Paul Bracq esquisse la nouvelle signature esthétique de la marque et les quatre modèles destinés à installer encore un peu plus BMW dans le segment lucratif du haut de gamme. La 520 et la 320 sont réalisées presque simultanément. Suivent la Série 6 et la Série 7. Le duo complice qu'il forme avec Bob Lutz le conforte dans ses orientations. Décidément très prolifique, le designer français bouleverse l'agencement de l'habitacle, partant du principe que l'ergonomie, à plus forte raison dans le cas d'une voiture au tempérament sportif, participe à la sécurité et au plaisir de conduire. Ses réalisations possèdent des surfaces vitrées généreuses afin d'améliorer la visibilité. La console centrale orientée vers le conducteur date aussi de son époque.

⊕ LE PREMIER CONCEPT BMW

Nous sommes en 1972. BMW a entamé un virage qui va le faire changer d'image et de dimension. En attendant la mutation, il faut donner des gages. Lutz et Bracq persuadent la direction de réaliser un véhicule image. Les deux complices sont guidés par un autre objectif qu'ils tiennent confidentiels : le prototype qui va être exposé dans un Salon à vocation à servir de tête de pont à des objectifs sportifs plus ambitieux. Alors que Bertone imagine la Citroën Camargue sur une base de GS, que Pininfarina renouvelle les canons de la Ferrari 2 + 2 avec la 365 GT4 2 + 2, que Giorgetto Giugiaro exalte la période cubique avec la Maserati Boomerang, BMW subjugue avec la Turbo. Dessiné par Paul Bracq, le prototype bavarois est une synthèse des formes fluides et dynamiques du mouvement Streamline qui a marqué sa jeunesse. "N'ayant que six mois pour réaliser la Turbo, j'ai commencé à travailler chez moi le soir", nous a-t-il confié. Pour la réalisation, Bracq n'a pas eu à s'interroger longtemps pour choisir entre Bertone et Michelotti. Ce dernier avait les préférences du Français. Non content de respecter scrupuleusement le dessin originel, il était également moins cher. La Turbo s'inspire largement du projet de coupé sportif à moteur Wankel qu'il a réalisé quelques années auparavant. La sécurité, très en vogue à l'époque aux États-Unis, a guidé la confection du premier concept de l'histoire de BMW. En matière de sécurité passive, la Turbo fait appel à des structures déformables à l'avant et à l'arrière. Visible de très loin, la peinture "spectrale" allant de l'orangé au rouge contribue également à la sécurité. Des portes papillon, clin d'œil à son époque Mercedes, complètent les lignes. Le patronyme tire sa légitimité de la présence du quatre-cylindres 2 litres turbocompressé. Suivant la pression de suralimentation, il délivre entre 200 ch et 280 ch. Mais le projet a été développé pour accepter un V12. "Ce moteur tourne déjà sous une carrosserie de berline 3 litres", confie Paul Bracq. L'homme se projette loin. Avec la Turbo, il veut concurrencer Ferrari et Maserati sur leurs terres. BMW est dépassé par l'enthousiasme que suscite son concept

Dès son arrivée au sein du bureau de style BMW, Paul Bracq esquisse la signature stylistique de la nouvelle gamme lancée à partir de 1972 avec la Série 5. Malgré un emploi du temps chargé, il trouve encore le temps de dessiner un prototype centré sur la sécurité.

car. Un nombre impressionnant de personnes est prêt à signer un chèque en blanc pour commander la Turbo. Encouragé par l'accueil réservé à son étude, Munich décide qu'elle effectuera le tour du monde des Salons pendant un an. Bracq en profite pour construire une nouvelle voiture qui se démarque par de nouveaux développements destinés à renforcer la sécurité. Les portes papillon ont désormais des charnières ; la peinture a un dégradé plus foncé ; les roues arrière sont dissimulées par des flasques. La crise pétrolière met un terme au programme.

Pour les designers, la mainmise de la direction technique sur le bureau de style ne comporte pas que des avantages. Cette relation entraîne des tiraillements permanents. Dans le cadre de la confection du coupé 630, Bernhard Oswald, le responsable technique, souhaite conserver la plate-forme de la 520 pour des questions de coût. Une erreur selon Bracq, qui estime qu'un véhicule haut de gamme doit répondre à des codes spécifiques et, en l'espèce, la Série 6 ne peut se contenter de voies étroites. Les dissensions portent aussi sur la Série 7. Le designer français considère qu'elle doit concurrencer la Jaguar XJ12, considérée à l'époque comme le summum de la berline sportive haut de gamme. Il défend le projet d'une voiture de 5 mètres de long. Depuis le départ de Bob Lutz chez General Motors, Bracq a perdu un soutien capital. Il quitte finalement Munich pour Paris et le bureau de style Peugeot.

Resté peu de temps chez BMW, Paul Bracq a marqué les esprits avec le concept BMW Turbo de 1972 qui inspirera la M1. Dès 1973, le Français réfléchit à une nouvelle calandre inclinée vers l'extérieur (en bas).

LA PRISE DE POUVOIR DU DESIGN

Le départ de Paul Bracq entraîne une large réorganisation. En 1976, Claus Luthe, auteur des lignes de la NSU Ro80 et de la Volkswagen K70, franchit la porte du bureau de style. Sa mission : assurer une certaine continuité stylistique. Les immatriculations en hausse constante n'incitent pas à changer de direction. Au duo Bracq-Lutz, dont l'énergie et les initiatives ont pu, par moments, perturber en haut lieu, succède un homme discret. Il travaille avec Klaus Kapitza, Ercole Spada et Harm Lagaay au renouvellement et à l'extension de la gamme. Son ère est marquée par l'apparition de la Série 8 et la Z1. Mais Claus Luthe n'est pas un homme serein. Il souffre d'avoir un fils toxicomane qui passe son temps à agresser sa mère. Un soir, une dispute dégénère. Son fils meurt poignardé. La justice retiendra la qualification d'homicide involontaire, mais Claus Luthe écopera de plusieurs mois de prison, qui l'obligeront à démissionner de chez BMW. Il décède d'une sclérose en plaques en 2008.

⊕ LES ANNÉES BANGLE

Au cours des années 1990, le Directoire pressent que le développement de la gamme doit s'accompagner d'une refonte en profondeur du style. Les piliers de la gamme, les Série 3, Série 5 et Série 7 ne se démarquent pas assez nettement. La philosophie en vogue dans le bureau de style BMW s'apparente à la stratégie des poupées russes. Depuis vingt ans, les BMW se renouvellent sur le même schéma. Cette continuité, qui confine presque à l'immobilisme, conduit à une impasse. Le bureau de style a besoin d'idées neuves. Chris Bangle va être chargé de faire bouger les lignes et de donner un nouvel élan. Entré chez BMW en 1992, le designer américain a failli devenir prêtre méthodiste avant de faire ses études à l'Art Center College of Design de Pasadena. Il effectue ses premières armes chez Opel en Allemagne puis s'installe à Turin en 1986 pour entrer au Centro Stile Fiat. Il signe les formes de l'originale Fiat Coupé, mais aussi du roadster Barchetta. Chez BMW, Chris Bangle a carte blanche pour briser le moule et refondre totalement l'identité stylistique de la marque. Il formalise ses ambitions avec le concours d'Adrian van Hooydonk, un designer néerlandais qui a remplacé Henrik Fisker à la tête de l'antenne californienne du style BMW, Designworks. Le designer hollandais possède une maîtrise en génie de la conception industrielle obtenue en 1988. Quatre ans plus tard, il pousse les portes du design et devient l'homme sur lequel Chris Bangle peut s'appuyer. Adrian van Hooydonk est à l'origine du dessin de la controversée Série 7 E65.

Boyke Boyer commente à Claus Luthe la maquette de la Série 3 E30. Ce dernier démissionnera à la suite d'une affaire familiale. Chris Bangle prendra alors sa succession à la tête du bureau du design BMW.

Autour de Chris Bangle, l'équipe du design BMW au grand complet en 1997.

⊕ LA Z9, UN MANIFESTE DE STYLE

C'est une constante de son histoire, BMW n'a jamais abusé des concept cars. Alors que de nombreux constructeurs utilisent les Salons pour faire rêver, se projeter dans l'avant-garde et attirer les visiteurs sur leurs stands avec des véhicules qui ne verront jamais le jour, la firme allemande n'éprouve pas le besoin de s'engager dans cette démarche. La preuve : il faut attendre vingt-sept ans après la Turbo pour voir apparaître un nouvel objet de Salon. Cette fois-ci, l'enjeu est de taille. BMW annonce un changement de cap. Le coupé Z9 Gran Turismo exposé au Salon de Francfort 1999 préfigure donc un futur très proche. Cette étude audacieuse est un manifeste de style. Elle prépare le public à l'arrivée d'un nouveau thème stylistique. "C'est l'une des premières qualités de BMW que de savoir se remettre en cause quand tout va bien", dira Karim Habib, le directeur actuel du design de la marque.

Un pari osé, mais intelligent. Le style BMW avait besoin de se réinventer avant d'aborder une nouvelle étape de son expansion. À travers la personnalité affirmée de la Z9 transpirent les formes et les volumes que l'on retrouvera sur la Série 7 (E65) révélée pour la première fois au début du mois de juillet 2001. La grande berline de BMW rompt avec l'évolution par petites touches qui caractérisait jusqu'ici les produits de la marque. Cette révolution stylistique signée Chris Bangle marque une volonté de traduire un changement de philosophie. La poupe concentre les principales critiques. Les arêtes du coffre et les rondeurs des optiques arrière présentent un dessin heurté. Le style controversé de la Série 7 entraîne une salve de critiques. La presse allemande est la plus virulente. Contesté, Chris Bangle déclenche une vague de protestations. Une pétition demandant sa démission circule même sur Internet. Les réalisations suivantes confortent le designer vedette dans ses choix. En même temps qu'il trouve le bon réglage entre élégance et audace et que les formes s'assagissent, il introduit une grande cohérence entre tous les véhicules. Le jeu des reflets de lumière sur les surfaces, que le designer baptise *surface flaming*, représente le dénominateur commun de tous les produits qui vont sortir jusqu'en 2007, ce qui représente vingt nouveaux modèles.

Le concept Z9 ouvre une nouvelle page du design BMW en 1999. Il annonce la Série 7 de 2001.

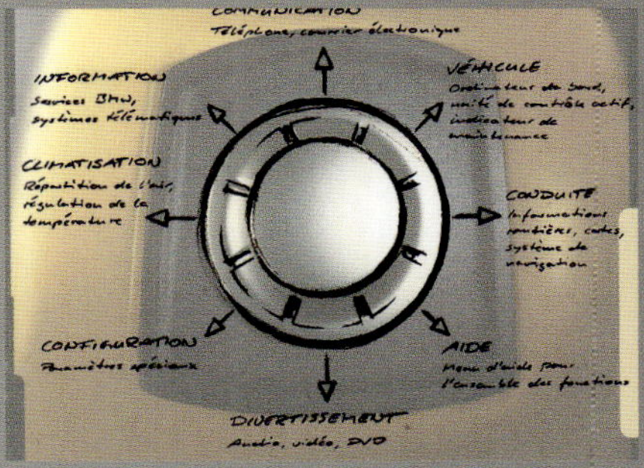

⊕ DES CONCEPTS ANCRÉS DANS UNE RÉALITÉ

Durant la décennie 2000, l'équipe du design BMW distille ses concept cars au compte-gouttes. À part l'étude X Coupé de 2001, qui représente une véritable recherche prospective sur les pistes de développement en matière de véhicules de loisirs, les prototypes de Salon du constructeur allemand sont des modèles de série déguisés. Ces œuvres uniques sont généralement réalisées en parallèle de la gestation du modèle destiné à la commercialisation. Le BMW Concept Study CS1 de 2002 prépare à l'arrivée de la berline compacte Série 1 en 2004 ; la BMW xActivity de 2003 annonce les formes du X3, le premier SUV compact de BMW. Artisan du renouveau design BMW, Christopher Bangle quitte finalement le groupe au mois de février 2009 après dix-sept ans de création. Il a accompli sa mission : inoculer l'esprit BMW à l'intégralité des modèles de la famille tout en conférant à chacun des membres une personnalité propre. Jusque-là responsable du design pour la marque BMW, Adrian van Hooydonk le remplace à la tête du design du groupe BMW et donc de toutes les marques.

Imaginée à la fin des années 1990 par l'équipe de Bangle, la nouvelle ergonomie intérieure a abouti à la double casquette de la planche de bord et au système de centralisation des commandes iDrive.

L'ESTHÉTISME EN PORTE-DRAPEAU

Par efficacité et sécurité, le Directoire a choisi une succession en douceur. Le nouveau directeur maîtrise parfaitement les arcanes de la maison. Sa feuille de route est claire : consolider les bases désormais solides sur lesquelles repose le style BMW, tempérer des formes qui ont pu bouleverser et se concentrer sur l'équilibre des proportions. Adrian van Hooydonk choisit Karim Habib pour incarner la recherche de cette élégance. Ce quadragénaire affable, canadien d'adoption, francophile convaincu, n'est pas un débutant dans la maison. Il a posé ses valises une première fois à Munich en 1998, la semaine où le style de la Série 7 (E65) était gelé. Il sort vainqueur de la compétition pour la conception de l'habitacle de la Série 5 de 2004. Ce succès lui ouvre les portes du design avancé, concentré sur la conception d'études destinées à nourrir la réflexion interne. Deux ans plus tard, il intègre l'entité du design extérieur chargé de réaliser les véhicules de série. Et passe alors de l'ombre à la lumière. Premier fait d'arme, la signature de la silhouette de la Série 7 (F01) présentée en 2008. L'année suivante, il part prendre l'air chez le concurrent de Stuttgart. L'infidélité est de courte durée et, en mars 2011, il revient à Munich en tant que responsable du design extérieur. Dès son retour, il concentre ses efforts sur le respect des codes inhérents à la marque et d'une parfaite cohérence de formes entre les différents membres d'une gamme passablement élargie. Les journées sont parfois trop courtes entre la supervision de tous les projets en cours au sein du bureau de style, les longues séances de travail dans l'atelier de style autour d'une forme en clay ou la sélection d'un tissu ou d'un revêtement de planche de bord, le développement des modèles du label BMW i couvés par Benoît Jacob et les nombreuses sollicitations publiques.

Au cours des années 2000, sous la direction du style d'Adrian van Hooydonk, le design BMW gagne en maturité et en élégance. Le splendide concept CS de 2007 incarne la nouvelle ligne.

Page de droite : à l'occasion du concours d'élégance de la Villa d'Este 2013, BMW surprend tout le monde avec une étude réussie de coupé haut de gamme réalisée en coopération avec Pininfarina.

⊕ LE GRAND LUXE, UN TERRITOIRE À EXPLORER

Lorsque Karim Habib quitte Munich, le Directoire n'a pas tranché la question des frontières de la marque. Alors que le positionnement de l'entrée de gamme (Série 1) est clairement défini avec la présence de MINI en-dessous, BMW se demande s'il n'existe pas un espace au-dessus de la Série 7 pour un nouveau véhicule de luxe. D'une certaine manière, le sensationnel Concept CS devait incarner ce pari. Dévoilé au Salon de Shanghai 2007, ce projet de coupé quatre portes de grand luxe devait entrer en production en 2009, mais la chute des marchés résultant de la faillite de la banque américaine d'investissement Lehman Brothers a créé les conditions de son abandon. La croissance revenue, la question du grand luxe reste entière.

BMW profite du concours d'élégance de la Villa d'Este, qu'il organise, pour révéler ses axes de recherche. En 2013, le cadre romanesque du Grand Hôtel, sur les rives du lac de Côme, sert d'écrin à l'exposition d'un splendide coupé. Réalisé en collaboration avec la carrosserie italienne Pininfarina, le Gran Lusso Coupé partage le même goût du grand luxe sur mesure que Rolls-Royce. Les matériaux retenus sont exclusifs. Les cuirs proviennent de la maison Foglizzo et les bois de kauris de Nouvelle-Zélande. Son grain unique fait varier sa couleur du rouge doré au brun en fonction de l'incidence de la lumière. Le raffinement se prolonge sous le capot où l'on retrouve, pour la première fois sur un coupé depuis la Série 8, la noblesse du douze-cylindres. L'année suivante, BMW a poursuivi l'exploration du thème du grand luxe avec un projet de berline qui porte bien son nom : Vision Future Luxury. Ce véhicule renouvelle de façon très heureuse les codes du haut de gamme. Loin d'être un acte gratuit, il donne des indices sur la direction que le constructeur souhaite appliquer en matière de design. Un design voulu de plus en plus précis pour souligner la précision de conduite. Statutaire tout en restant très sportif, le dessin a été supervisé par Domagoj Dukec, le directeur du design extérieur de BMW.

Le concept Vision Luxury présenté en Chine en 2014 porte bien son nom. Il illustre la vision du luxe selon BMW.

Présentée au Salon de Pékin 2014, la Vision Future Luxury prépare à l'évolution des codes stylistiques de la marque bavaroise, notamment pour ce qui est du traitement des flancs et des optiques. Grâce à l'adoption de la technologie laser, les projecteurs effectuent leur révolution. Ils gagnent en minceur et perdent leur dessin circulaire, typique de la marque. Autre symbole BMW, la calandre en double haricot évolue aussi. Elle s'élargit et s'incurve. Les feux arrière formant un L à plat bénéficient de la technologie des leds organiques. chacun d'eux est composé de vingt-quatre leds qui ressemblent à des écailles de poisson.

Entre deux projets, le bureau de style BMW sait toutefois s'octroyer des espaces de liberté. Le concept 3.0 CSL Hommage dévoilé lors de l'édition 2015 du concours d'élégance de la Villa d'Este adresse un message subliminal aux automobilistes. Désiré par Karim Habib, ce véhicule démontre, au milieu d'une actualité dominée par la gamme BMW i et les monospaces Série 2, que la marque munichoise reste profondément attachée à ses valeurs sportives. La référence à la 3.0 CSL s'est imposée comme une évidence. Karim Habib considère ce coupé comme l'acte fondateur de l'ADN sportif de BMW. “La 3.0 CSL est une icône pour la marque bavaroise et la mère de toute la famille de sportives”, avouait-il en marge de la présentation du véhicule sur les rives du lac de Côme.

Dans le respect de ses codes immuables, le style BMW va explorer de nouvelles pistes dans le futur pour mettre en valeur l'intégration de technologies d'avant-garde, l'allègement des véhicules et le passage à des habitacles hyper-connectés.

Défendu par Karim Habib, directeur du design de BMW, le concept 3.0 CSL Hommage dévoilé à la Villa d'Este 2015 répond à la volonté de réaffirmer les valeurs sportives de la marque.

CLIMATE
CHARGING
07 30
BMW

5

LES DÉFIS ENVIRONNEMENTAUX

Le constructeur munichois n'a pas attendu la prise de conscience écologique mondiale et le durcissement des normes de dépollution pour lutter contre le réchauffement climatique. Depuis plusieurs décennies, Munich assure un rôle moteur dans le développement de nouveaux modes de propulsion destinés à assurer l'avenir de la mobilité individuelle. Ses recherches et ses études ont abouti à la commercialisation d'une nouvelle génération de véhicules. Ils étrennent une palette de solutions novatrices qui représentent à bien des égards une prouesse technologique.

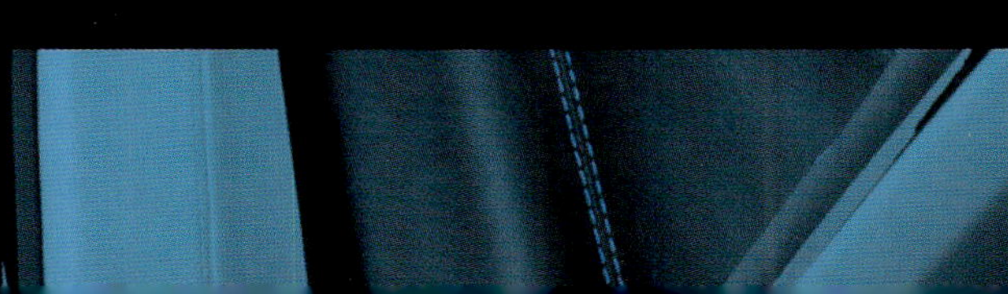

LA LUTTE CONTRE LE RÉCHAUFFEMENT CLIMATIQUE

Le passage au XXIe siècle a réveillé les consciences. Augmentation des émissions de gaz à effet de serre et de la pollution locale dans des proportions inquiétantes, raréfaction des ressources de carburant d'origine fossile, risque d'explosion du tarif de l'or noir dans un contexte de tension géopolitique, menace de fermeture du cœur des métropoles aux voitures à moteur thermique : face aux périls qui menacent l'équilibre de notre planète, l'industrie automobile a été sommée de se remettre en question et d'assumer sa part dans la nécessaire chasse au gaspi en faisant émerger de nouvelles solutions de mobilité. Dans ce contexte, la Commission européenne a assigné aux constructeurs l'objectif ambitieux d'abaisser la moyenne d'émissions de CO_2 de leur gamme à 95 g/km pour fin 2020. L'ensemble des acteurs se sont engagés dans une incroyable course contre la montre pour relever le challenge. Dans ce jeu de rôle, BMW n'a pas été le dernier à démontrer qu'il avait pris la mesure des défis. Son bureau d'études a envisagé toutes les options techniques pour esquisser les voitures vertes de demain. Le pluriel est employé à dessein puisque l'on se dirige vers une multitude de technologies. Outre l'amélioration du moteur thermique, les ingénieurs et les motoristes munichois ont axé leurs recherches sur de nouveaux modes de propulsion et notamment l'électrisation du véhicule. En l'espace de quelques années, des progrès considérables ont été enregistrés. Seront-ils suffisants pour être au rendez-vous de la fin de l'année 2020 ? Contrairement à ce que son image de fabricant de voitures puissantes et performantes pourrait laisser penser à une grande partie de l'opinion publique, Munich se classe dans la catégorie des meilleurs élèves. BMW figure régulièrement en tête des classements en matière de respect de l'environnement sur l'ensemble de la chaîne de création de valeurs et aussi de comportement d'entreprise responsable. Cette performance repose en grande partie sur l'importance des moyens consacrés, tant en termes humains que financiers, et à la constance de son engagement en matière d'écologie. Depuis plusieurs décennies, la recherche d'une meilleure efficacité influence le développement de ses modèles et les études sur les énergies de substitution.

BMW est l'un des premiers constructeurs à formaliser ses recherches sur les véhicules électriques avec le coupé 02 au début des années 1970.

L'APPRENTISSAGE DE L'ÉLECTRICITÉ

À l'aube du XXe siècle, l'industrie automobile balbutiante tâtonne, teste différentes bases techniques. La voiture à pétrole n'a pas que des partisans et les inconditionnels de l'énergie électrique et de la vapeur n'ont pas renoncé à faire valoir le bien-fondé de leurs théories. En 1899, il se vend plus de voitures électriques que de modèles à pétrole ou à vapeur. Cette année-là, Camille Jenatzy surprend tout le monde avec sa torpille électrique, la Jamais Contente, la première automobile à dépasser 100 km/h. L'année suivante, à l'occasion de l'Exposition universelle qui se tient à Paris, Ferdinand Porsche expose la Lohner-Porsche, un véhicule hybride. En cette période héroïque, le moteur à pétrole prend finalement l'ascendant sur les autres technologies. Durant le XXe siècle, des ingénieurs se chargent pourtant de rappeler périodiquement que le pétrole ne saurait constituer l'unique solution pour assurer la propulsion des automobiles. Mais rien ne presse. La période euphorique des Trente Glorieuses semble pouvoir se prolonger indéfiniment. Certains constructeurs ne croient pas aux miracles. Les nuages qui s'amoncellent à la fin des années 1960 sonnent l'alerte. BMW est-il animé d'un sixième sens ? La prudence l'incite bien avant le premier choc pétrolier à explorer de nouvelles technologies. Les recherches des ingénieurs bavarois se cristallisent autour des solutions alternatives au moteur thermique. Les jeux Olympiques qui se tiennent à Munich en 1972 sont une vitrine que le constructeur veut exploiter pour affirmer son leadership technologique.

Les premiers exemplaires de la 1602 Electric accompagnent l'épreuve du marathon des JO de Munich en 1972.

⊕ DES J.O. DE MUNICH BRANCHÉS

À l'orée de l'année 1970, BMW planche sur l'électrisation d'une Série 02. Ce programme donne naissance à deux véhicules expérimentaux qui sont notamment utilisés en soutien lors de l'épreuve du marathon. Le moteur électrique provenant de l'équipementier Bosch pèse 85 kg. Il délivre une puissance de 12 kW en continu et de 32 kW en crête. Il est alimenté par les douze batteries plomb-acide développées par Varta et installées dans un pack de 350 kg occupant tout l'espace, sous le capot avant. BMW annonce une accélération de 0 à 50 km/h en huit secondes et une vitesse de pointe de 100 km/h. La 1602 Electric revendique un rayon d'action d'environ 60 km. L'initiative de BMW prêterait presque à sourire, mais le choc pétrolier de 1973 lui donne raison. Le baril d'or noir flambe. Les automobilistes découvrent que rien ne sera jamais plus comme avant. On annonce le déclin du mythe automobile. Dans les bureaux d'études, la chasse au gaspillage oriente l'essentiel des travaux. En juin 1975, BMW présente le concept LS Electric qui témoigne des progrès accomplis en matière de propulsion électrique. Le moteur électrique Bosch est de nouvelle génération. Il débite de 8 à 17 kW. Provenant toujours de Varta, les batteries d'une capacité de 10,8 kWh affichent des gains sensibles. Plus léger et plus compact, le pack de batteries plomb-acide n'intègre plus que dix modules. Pour la première fois, le véhicule embarque un système de recharge fonctionnant sur une prise standard (quatorze heures). Comme la 1602, la LS bénéficie d'un système de freinage régénératif. Par contre, l'autonomie ne progresse pas. L'introduction des systèmes de gestion électronique des moteurs profite à l'amélioration des performances des véhicules électriques. Douze ans s'écoulent avant que le bureau d'études de Munich ne révèle les avancées en matière d'électromobilité. Ce programme lancé en 1981 a abouti à la production de huit prototypes élaborés à partir de la 325ix et embarquant une batterie sodium-soufre (NaS) d'une capacité de 22 kWh développée par l'équipementier suisse Asea Brown Boveri. Le recours à cette technologie permet d'effectuer un grand bond en avant. La densité énergétique de la batterie a été multipliée par trois et les inconvénients inhérents au modèle antérieur, tels que le poids et l'encombrement, ont été en grande partie gommés. La 325ix Electric annonce à présent une puissance variant de 17 à 22 kW pour une vitesse de pointe inchangée à 100 km/h. Quant au rayon d'action, il est désormais de 150 km.

Au fil des évolutions et des générations de véhicules, le système électrique s'améliore et devient de plus en plus compact.

UNE ÉTUDE DE CITADINE ÉLECTRIQUE

Encouragé par ces résultats et poussé par les discours écologiques qui annoncent la fin de la voiture en ville, BMW dévoile au Salon de Francfort 1991 une citadine animée par un moteur électrique. Longue de 3,46 m, large de 1,64 m et haute de 1,50 m, la E1 est une réponse à la progression du réchauffement climatique et au durcissement des normes de pollution. Développée par le département BMW Technik GmbH, la citadine E1 répond à un concept global où la maîtrise du poids a représenté l'un des objectifs prioritaires. C'est ainsi que la coque est réalisée en profilé d'aluminium extrudé et que les couvercles de capot et de coffre sont confectionnés en aluminium. La nouvelle évolution de la batterie sodium-soufre (NaS) réussit à économiser 65 kg par rapport au modèle précédent pour ne plus peser que 200 kg. Placée sous la banquette arrière, en avant de l'essieu, la batterie de 19,2 kWh autorise une autonomie de 160 km. Le moteur se trouve, lui, sous le coffre à bagages qui offre une capacité de 260 litres. À champ magnétique rotatif et à courant continu, avec différentiel intégré, le moteur délivre une puissance de 45 ch (32 kW). En 1993, BMW réserve aux Américains la primeur de la variante E2. En adéquation avec l'environnement américain, ce prototype exposé au Salon de Los Angeles mesure 3,80 m de long. Il se démarque du démonstrateur E1 par sa batterie Zebra de type sodium-chlorure de nickel.

Au sein de l'entreprise, le développement de la voiture électrique est encouragé par le prévisible durcissement des normes de dépollution sur certains marchés prioritaires. L'État de Californie prévoit ainsi que 2 % des véhicules neufs immatriculés sur la côte ouest répondront à la catégorie des ZEV (*Zero Emission Vehicles*) à l'horizon 1998. En Europe, l'exode rural et la constitution de grandes métropoles congestionnées sont des signaux forts qui incitent BMW à réfléchir à de nouvelles formes de mobilité écolo-responsables. À partir de 1992, les ingénieurs intensifient leurs travaux et se rapprochent de l'univers de la série en équipant des modèles du catalogue de la technologie électrique. Dans ce domaine nouveau pour les bureaux d'études, rien ne remplace les travaux pratiques. C'est ainsi que, pour accélérer le retour d'expérience, BMW produit une flotte de vingt-cinq Série 3 Electric. La quantité ne suffit pas et la réussite de l'exercice implique aussi de tester plusieurs variantes de moteurs, de transmissions et de batteries. De nombreuses entreprises sont associées à ce programme de grande envergure, et même le Land de Bavière qui hérite de six véhicules. Ces véhicules illustrent les progrès accomplis en l'espace de vingt ans : le moteur électrique délivre 45 kW tout en ne pesant pas plus que 65 kg, transmission comprise ; la technologie du stockage de l'énergie permet de recharger 75 % de la batterie en quarante minutes. Et en roulant, on peut récupérer jusqu'à 20 % d'énergie. Entre 1995 et 1997, une nouvelle impulsion est donnée avec la construction d'une flotte supplémentaire de dix voitures électriques.

À la fin des années 1980, la technologie électrique est testée sur des Série 3 Touring.

Partant du postulat que la voiture électrique est avant tout destinée à la ville, BMW présente la citadine E1 à Francfort 1991 et sa sœur E2 à Los Angeles, deux ans plus tard.

L'HYDROGÈNE

Parallèlement aux études sur la voiture électrique, les ingénieurs explorent d'autres pistes, à commencer par le potentiel de la voiture hydrogène. Les premiers travaux débutent au cours des années 1980 et se concrétisent en 1984 par la construction d'un premier prototype réalisé à partir d'une 745i, en coopération avec l'Institut de test et de recherche allemand pour la technologie aérospatiale. Au fil des nouvelles générations de la Série 7, les évolutions se succèdent. BMW affirme sa confiance dans l'hydrogène. Au début des années 1990, il estime qu'il est temps de le faire savoir et de valider la technologie par un projet d'envergure. Pour montrer que l'hydrogène n'a rien d'un fantasme d'ingénieurs, le constructeur présente, le 11 mai 2000, une flotte de limousines répondant au type 750hL. Ces démonstrateurs effectuent près de 170 000 km.

Faisant aussi partie des axes de recherche pour réduire l'empreinte carbone, la technologie hydrogène effectue ses premiers pas sous différentes carrosseries.

En 2001, ces véhicules exhibant des flancs barrés d'un "Clean Energy" se lancent dans un tour du monde. Dans le cadre de la raréfaction des carburants fossiles et de l'engagement des constructeurs de réduire drastiquement la moyenne des émissions de CO_2 de leurs gammes à l'horizon 2020, l'hydrogène constitue l'une des solutions d'avenir. Gaz transparent, inodore et insipide, il apparaît inépuisable. Constituant de l'eau, des hydrocarbures et de toutes les molécules organiques, il est aussi beaucoup plus léger que l'air. Il existe deux façons de l'utiliser.

Dans le premier cas, l'hydrogène est transformé en électricité par réaction avec l'oxygène de l'air, au contact d'une électrode, et entraîne un moteur électrique. Ce dernier est alimenté par une pile à combustible, au lieu d'une batterie pour la voiture électrique. L'empreinte carbone est nulle, car l'échappement ne rejette que de la vapeur d'eau. Le principal inconvénient réside dans son coût extrêmement élevé découlant de l'utilisation intensive du platine dans la fabrication de la fine membrane assurant l'indispensable échange de protons nécessaire à la production d'énergie. BMW a opté pour la seconde option, qui consiste à l'utiliser directement pour l'alimentation de moteurs thermiques adaptés avec une sorte de détendeur en guise d'injection. Les amateurs de grosses cylindrées estimeront que la pilule est un peu amère. Dans l'opération, le V12 à essence des 750 voit sa puissance descendre de 326 ch à 203 ch. La consommation dépasse 40 litres aux 100 km et le rayon d'action ne dépasse guère plus de 300 km avec la marge nécessaire pour rejoindre une pompe à hydrogène. En 2001, il n'en existe que deux en Europe, une à Milan et l'autre à Munich, dans l'enceinte de l'aéroport.

⊕ L'hydrogène sur la piste des records

Pour réduire les coûts inhérents à l'étude des voitures à hydrogène, BMW s'allie à General Motors en 2003. Honda rejoint le consortium deux ans plus tard. En septembre 2004, le constructeur allemand estime qu'il est temps de montrer qu'il a atteint un niveau élevé de maîtrise technologique. Un prototype ouvert se lance dans une série de records sur la piste à haute vitesse de Miramas, dans le sud de la France. Baptisé H2R, ce véhicule de recherche embarque un douze-cylindres de 6 litres de cylindrée de 285 ch alimenté à l'hydrogène liquide. Il établit une série de neufs records internationaux validés par la Fédération internationale de l'automobile (FIA) dans la catégorie des voitures à hydrogène. Bénéficiant de lignes profilées étudiées en soufflerie, le H2R abat le 0 à 100 km/h en six secondes et parcourt le kilomètre lancé à la vitesse record de 300,175 km/h.

Le mile départ arrêté est effectué en 19,9985 secondes, les dix kilomètres départ arrêté en 221,773 secondes. Avant de rejoindre le musée, le prototype H2R est la vedette du stand BMW lors du Salon de Francfort 2005. Parmi les plus ardents défenseurs de l'hydrogène, le constructeur révèle un plus tard une nouvelle génération de la Série 7 à hydrogène. Bénéficiant des dernières avancées de la technologie, cette version donne naissance à une série de cent unités qui ont vocation à être prêtées aux meilleurs clients de la marque, aux agences pour l'environnement et aux leaders politiques. Début 2007, la presse est invitée à essayer ces nouveaux démonstrateurs à proximité de Miramas. Adapté pour accueillir la double carburation, le V12 de la 760iL perd de sa superbe et redescend à 260 ch au lieu de 445 ch. Le conducteur peut passer de l'essence à l'hydrogène en pressant sur une simple commande au volant. Sur le papier, l'hydrogène présente de nombreux avantages. Les rejets de CO_2 sont limités à 5 g/km alors que, sur la position essence, ils sont multipliés par 66 (332 g/km). Le plein s'effectue en quelques minutes. La Série 7 Hydrogen promet une autonomie de 700 km en associant les 500 km qu'autorisent les 74 litres du réservoir d'essence et l'appoint de l'hydrogène pour les parcours urbains où les échappements ne rejettent que de la vapeur d'eau.

Dans la pratique, le bilan est nettement moins rose. Wolfgang Hatz, responsable de la recherche et du développement de Porsche, passé par le département moteurs de BMW Motorsport entre 1983 et 1989, a même affirmé récemment que l'hydrogène traîne trop de handicaps pour être une solution d'avenir. La production d'hydrogène accuse un bilan écologique déplorable en raison de son origine faisant largement appel à des sources d'énergie primaires fossiles. Il faudrait qu'il soit produit à partir de matières premières organiques renouvelables, de l'énergie solaire ou hydraulique. Le stockage et la distribution, sous forme gazeuse ou liquide, sont deux autres points sensibles que les scientifiques peinent encore à résoudre. L'hydrogène fournit moins d'énergie à volume égal. Des réservoirs spéciaux et cylindriques mis sous pression sont indispensables. Le transport de l'hydrogène nécessite également un grand nombre de précautions. Sous forme liquide, l'hydrogène doit être acheminé dans des réservoirs cryogéniques à double paroi et refroidi à une température de - 253 °C.

Lors des essais de 2007, les ingénieurs de BMW ne cachent pas que l'hydrogène est une substance volatile. Les 7,8 kg d'hydrogène (l'équivalent de 170 litres) installés dans le réservoir situé derrière la banquette arrière de la Série 7 rallongée peuvent se volatiliser dans l'atmosphère après quinze jours d'immobilisation du véhicule. De même, cette solution entraîne une perte de puissance importante par rapport au moteur à essence que les ingénieurs comptent résoudre avec une préparation cryogénique de l'hydrogène et le passage à l'injection directe.

Les promesses d'une arrivée des premières voitures à hydrogène sur le marché en 2010 se sont effondrées sur le mur des défis à relever. Pourtant, BMW n'a pas renoncé à cette technologie et une cellule poursuit ses études dans le cadre d'une coopération avec plusieurs constructeurs. Avec Toyota, Munich explore aussi la technologie de la pile à combustible qui permet de fabriquer de l'électricité à partir de l'hydrogène, mais, là encore, on se garde désormais d'avancer une date. L'une des limites au développement de cette solution est d'ordre économique.

BMW démontre sa maîtrise de la technologie hydrogène en établissant une série de records avec le prototype H2R sur la piste de Miramas.

POUR QUELQUES GOUTTES D'ESSENCE EN MOINS

À l'instar de ses principaux concurrents, BMW ne néglige aucune piste. Au début des années 2000, la décision est prise d'accélérer le développement de l'hybridation dont la caractéristique est d'associer deux moteurs, thermique et électrique. Selon certains ingénieurs, la double motorisation complique inutilement les choses. C'est un peu vrai, mais, dans le cas de BMW, le moteur électrique permet d'offrir les performances d'un moteur plus puissant et la consommation d'un plus petit véhicule. Cette technologie fait ses débuts au Salon de Francfort 2005 avec le concept X3 EfficientDynamics. Sous l'apparence classique d'un X3, les ingénieurs ont installé un module électrique de 30 kW au sein de la boîte de vitesses automatique à six rapports. Associé à un six-cylindres en ligne à essence, ce prototype délivre le couple d'un gros moteur Diesel, 600 N.m disponible en dessous de 1 500 tr/min. Jusqu'à 3 000 tr/min, le moteur électrique apporte un boost au six-cylindres.

⊕ LE MOTEUR ÉLECTRIQUE ASSISTE LE MOTEUR THERMIQUE

Au Salon de Genève, un SUV sert de nouveau de démonstrateur aux avancements des travaux menés de concert avec Mercedes en vertu d'un accord dans le domaine de l'hybridation. Cette fois-ci, le prototype X5 Vision EfficientDynamics accueille une motorisation hybride diesel-électrique selon le schéma mild-hybrid. Cette option, moins coûteuse que le full-hybrid, voit le moteur électrique servir uniquement à seconder le moteur thermique durant les phases d'accélération et à recharger la batterie lors des décélérations.

Des travaux pratiques à la série, le pas est franchi en 2009 avec la Série 7 ActiveHybrid. Élaboré à partir de la 750i, ce vaisseau se contente d'une petite chaîne de traction hybride développée en commun avec Mercedes. Relié en 120 volts à une batterie lithium-ion de 27 kg qui grève le volume de coffre de 40 litres, le moteur électrique est installé entre le V8 4,4 litres biturbo et la boîte automatique ZF à huit vitesses. Sa puissance de 15 kW (20 ch) n'est pas suffisante pour assurer une propulsion 100 % électrique, mais son couple de 210 N.m présent dès le démarrage assiste parfaitement le V8 pour améliorer les performances. Munich a réussi son coup : la Série 7 ActiveHybrid revendique une consommation de 9,4 litres aux 100 km selon le cycle mixte normalisé et 4,9 secondes pour passer de 0 à 100 km/h alors que la 740i à moteur six cylindres essence réclame 9,9 litres aux 100 km et

La X6 Hybrid inaugure une nouvelle famille de véhicules hybrides dès 2009.

5,9 secondes sur les mêmes exercices. Le supplément de plus de 20 000 euros exigé par rapport à la 750i limite cependant la carrière commerciale de cette limousine, qui ouvre la voie à une nouvelle génération de BMW. Quasiment au même moment, la chaîne hybride faisait ses premiers pas dans un 4 x 4, le X6 ActiveHybrid.

À la différence de la Série 7, le X6 explore le domaine du full-hybrid. À condition d'avoir le pied léger sur l'accélérateur, ce véhicule est capable de rouler jusqu'à 60 km/h sans émettre un seul gramme de CO_2 pendant quelques kilomètres. Une centrale électronique sophistiquée gère en permanence les échanges d'énergie. Destiné en priorité aux États-Unis en raison de son gros moteur V8 essence biturbo de 4,4 litres associé à deux moteurs électriques de 91 ch et 86 ch directement implantés dans la transmission, ce X6 affiche une puissance cumulée de 485 ch et un couple impressionnant de 780 N.m. Les émissions de CO_2 chutent de 299 g / km à 231 g / km et la consommation déclarée de 12,5 litres aux 100 km à 9,9 litres. Les résultats pourraient être encore meilleurs si l'on arrivait à maîtriser l'embonpoint lié à la présence d'une grosse batterie. Dans le cas du X6, la hausse du poids atteint 380 kg. Vu que 75 % de la consommation d'un véhicule résulte de sa masse, le chantier prioritaire est celui de l'allégement. Le *downsizing* du moteur thermique et la miniaturisation des batteries lithium-ion deviennent les axes privilégiés.

⊕ L'HYBRIDE S'INSTALLE DANS LES SÉRIES INFÉRIEURES

La présentation au Salon de Genève 2010 du concept Série 5 ActiveHybrid annonce l'extension de l'hybridation à d'autres modèles de la gamme. Cette volonté devient une réalité avec une Série 5 puis une Série 3 qui recourent au même système.

En 2012, la Série 3 Hybrid selon BMW : une puissance cumulée de 340 ch, le 0 à 100 km/h en à peine plus de cinq secondes et une vitesse de pointe de 250 km/h.

Avec ces deux nouveaux modèles électrifiés, BMW ne part pas à la conquête de l'Europe, mais continue de s'adresser à des pays où le diesel est quasi inexistant.
La puissance cumulée ressort à 340 ch, la vitesse de pointe est bridée à 250 km/h et le 0 à 100 km/h requiert à peine plus de cinq secondes. Le petit moteur électrique de 44 kW (55 ch) installé dans le carter de la boîte automatique à huit rapports donne un coup de main au six-cylindres en ligne 3 litres à essence Twin-Power de 306 ch tout en modérant son appétit. On peut rouler en mode zéro émission pendant quelques kilomètres (4 à 5 km) à condition de ne pas dépasser 70 à 75 km/h. La fée électrique engendre un gain de 25 % en consommation par rapport aux modèles à essence. Selon le cycle européen normalisé, la Série 3 ActiveHybrid ne brûle plus que 5,9 litres aux 100 km et ne rejette que 139 g/km de CO_2; ces valeurs passent à 6,4 litres aux 100 km et 149 g/km pour la Série 5 ActiveHybrid. Signe des importantes marges de progression subsistant, les batteries lithium-ion amputent le volume du coffre d'environ 140 litres. À son tour, la Série 7 ActiveHybrid se convertit au système de ses deux petites sœurs. Son statut d'ambassadrice lui vaut de conserver un avantage de 4 ch en puissance cumulée grâce au six-cylindres turbo porté à 320 ch.
Les émissions de CO_2 sont de 158 g/km pour une consommation homologuée en cycle normalisé à 6,8 litres aux 100 km. Ces véhicules donnent leur pleine mesure principalement en ville. Si l'on admet l'évidence, par leurs caractéristiques, ces machines peinent à s'imposer sur un marché européen des grosses voitures confisqué par le diesel. Patience, répondent les ingénieurs. Il faut garder à l'esprit que l'hybridation n'en est qu'à ses balbutiements. Le manque d'expérience impose "d'apprendre en marchant".

Comme la Série 3, la Série 5 Hybrid connaît une production confidentielle, mais elle annonce une nouvelle génération de véhicules.

BMW i, LA NAISSANCE D'UN NOUVEAU LABEL

L'objectif de réduction des émissions de CO_2 imposé par la Commission européenne a, il faut l'avouer, bousculé les programmes et l'ordre des priorités de l'industrie automobile. À Munich, l'état-major acquiert la certitude que le visage de l'automobile va changer profondément au cours du xxie siècle. La menace de restreindre le centre des villes à des véhicules dotés d'un mode de propulsion non polluant représente une épée de Damoclès qu'il veut tenter de lever. Dans ce contexte, son président, Norbert Reithofer, lance une vaste réflexion sur les pistes permettant d'assurer la pérennité de l'entreprise sans perdre son leadership. Dans le courant de l'année 2007, l'état-major valide la décision de sortir de la Formule 1 et d'allouer les ressources au développement d'une famille de voitures propres.

Présenté en 2011, le concept Active E élaboré sur une base de Série 1 coupé sert de banc d'essai à la technologie électrique de la future i3.

Au cœur du printemps 2008, le président de BMW met fin aux spéculations en révélant qu'une unité spéciale baptisée "Project i" a été créée pour étudier de nouveaux véhicules urbains. Totalement indépendante, cette cellule est chargée de mettre en place une solution concrète et réaliste, commercialisable avant 2015. Si toutes les pistes techniques sont envisagées, celle du tout électrique semble la plus sérieuse. Et Norbert Reithofer de certifier que "cette technologie est désormais assez sophistiquée pour offrir un réel plaisir de conduite". Des déclarations qui laissent les amateurs de la marque et les médias dubitatifs. Le moteur électrique est-il compatible avec la philosophie BMW? Pour piloter la structure, qui fonctionne comme une start-up, le constructeur a fait appel à Ulrich Kranz, l'ingénieur qui a déjà soulevé des montagnes avec les programmes Z3, X5 et MINI.

⊕ UN MANIFESTE POUR LE FUTUR

La marque anglaise est d'ailleurs sollicitée. Les ingénieurs brouillent les pistes en dévoilant une MINI E (pour électrique) avant les congés estivaux de 2009. Ce programme vise à valider la technologie qui équipera la version de série du projet Megacity. Pour accélérer le retour d'expérience, BMW lance une opération d'envergure. Une flotte de plusieurs centaines de véhicules est proposée en location à destination des particuliers et des entreprises. Lorsque les cloches de la rentrée tintent, à Munich, on s'est déjà remis au travail depuis longtemps. L'été a été studieux. Selon un plan de communication savamment orchestré, le constructeur munichois lève le voile sur un pan du Project i. Pas le moins spectaculaire. La présentation du concept Visicn EfficientDynamics déclenche un coup de tonnerre. Ce prototype culminant à 1,24 m du sol et n'excédant pas 4,60 m en longueur est une interprétation réaliste d'une voiture de sport hybride. L'aspect spectaculaire de la carrosserie est assuré par des portes transparentes à ouverture en élytres qui laissent entrevoir l'habitacle 2 + 2 résolument futuriste. Le moteur thermique est un trois-cylindres diesel de 1,5 litre de cylindrée doté d'un turbo à géométrie variable et placé en avant de l'essieu arrière. Il affiche une puissance de 163 ch et un couple de 290 N.m. Il est associé à deux moteurs électriques, un sur chaque train. À l'arrière, le petit module de 25 kW (34 ch) soutient ou remplace le trois-cylindres. L'autre, installé sur le moteur avant, fournit 60 kW (81 ch) et même, en crête, durant dix secondes, 104 kW (141 ch). La puissance cumulée s'établit à 356 ch et le couple atteint la valeur respectable de 800 N.m. Les batteries qui embarquent quatre-vingt-dix-huit cellules lithium-polymère sont disposées dans la poutre centrale du châssis. Les performances défient le sens commun: 250 km/h en vitesse de pointe, 4,8 secondes pour passer de 0 à 100 km/h pour une consommation qui ne dépasse pas 3,76 litres aux 100 km, ce qui équivaut à des émissions de CO_2 de 99 g/km. Le 14 décembre 2011, ce coupé hors norme crève l'écran, accompagnant les aventures de l'acteur Tom Cruise dans le quatrième volet de *Mission impossible*.

Le projet de la sportive hybride rechargeable qui a abouti à l'i8 démarre au début des années 2010.

LA RÉVOLUTION DU CARBONE

Dix mois auparavant, le 21 février, Norbert Reithofer a mis fin aux spéculations entourant le choix de la marque abritant la nouvelle gamme de modèles écologiques. Ce n'est pas Isetta comme certains l'avaient suggéré, mais BMW i qui a eu les faveurs de la direction. Et, depuis le mois de juillet 2010, on sait que les modèles de la nouvelle famille BMW i seront les premiers du marché à être construits en fibre de carbone. Une révolution. Elle découle d'un raisonnement simple et empreint de bon sens : le rapport poids / puissance détermine le niveau de performances d'un véhicule. S'agissant d'un modèle électrique, les ingénieurs devaient résoudre une équation insoluble : garantir une autonomie et une puissance décentes et préserver le plaisir de conduite cher aux clients de la marque. La première condition impose d'augmenter la taille de la batterie, ce qui a pour conséquence de grever le poids. Les concepteurs du projet Megacity qui a donné naissance à la marque BMW i ont contourné le problème en décidant de réduire drastiquement la masse de la structure par l'utilisation de la fibre de carbone, 50 % plus légère

que l'acier. BMW a initié un cercle vertueux qui va se répercuter sur l'ensemble des organes de la voiture. La taille de la batterie peut être réduite, mais également le système de freinage. C'est la première fois qu'un constructeur réussit à produire en grande série ce matériau high-tech, réservé jusqu'ici à l'usage exclusif des voitures de course et de quelques *supercars* en raison de son coût exorbitant. L'emploi d'un nouveau procédé de fabrication désormais largement automatisé et autorisant des séries importantes a permis de réduire le prix dans des proportions acceptables. L'industrialisation de la fibre de carbone s'appuie sur un joint-venture signé en 2009 entre le spécialiste américain du secteur SGL et BMW Group. Il s'est concrétisé par l'implantation d'une unité de production à Moses Lake, dans l'État de Washington, afin de produire autour de 9 000 tonnes de feuilles de plastique renforcé de fibre de carbone (CFRP) par an. Elles sont ensuite expédiées en bobines sur le site allemand de Wackersdorf où elles sont transformées en tissu. Par ailleurs, quatre cents millions d'euros ont été investis dans l'usine de Leipzig pour produire la Megacity.

⊕ LE COUP D'ENVOI DE LA GAMME i POUR INNOVATION

Le 29 juillet 2011 restera gravé dans les mémoires. À Francfort, l'état-major au grand complet révèle, en première mondiale, les deux premiers véhicules de BMW i, une citadine quatre portes baptisée i3 et une sportive proche de la Vision EfficientDynamics et prénommée i8. Ces autos sont encore en tenue de camouflage, mais les principales caractéristiques sont figées. Esquissées sous la houlette du Français Benoît Jacob, propulsé patron du design des modèles i depuis 2008, les lignes des deux voitures tranchent avec les autres BMW. Malgré la présence du double haricot sur la calandre, elles rompent avec le langage stylistique propre à la marque. Exit le capot interminable, les grosses roues, le pli Hofmeister de la custode arrière et les flancs creusés, l'i3 adopte un gabarit proche de la première Mercedes Classe A. D'une longueur de 3,99 m, d'une largeur de 1,77 m et d'une hauteur de 1,57 m, la silhouette de l'i3 constitue une mini-révolution pour BMW. Cette berline à

La nouvelle mobilité électrique prend forme en juillet 2011 lorsque BMW révèle la citadine i3 et la *supercar* i8 sous forme de concept.

hayon se dote de larges surfaces vitrées, les latérales arrière affichent un audacieux décrochement. Ses formes douces ont pour ambition de s'adresser à un nouveau public.

En partant d'une feuille blanche, designers et ingénieurs ont eu la liberté de penser différemment la conception d'une automobile. "Lorsqu'ils m'ont annoncé que l'on allait recourir à une structure composite carbone-résine pour la cellule de l'habitacle, je leur ai demandé s'ils étaient sérieux", admet Benoît Jacob. Cette cellule se pose sur une plate-forme en aluminium qui englobe les batteries. Non content de réduire le poids de plus de 200 kg par rapport à un modèle équivalent produit en acier, cette technologie, brillant par sa rigidité, a permis de s'affranchir du pied milieu et d'exhiber des portes à ouverture antagoniste, comme sur une Rolls-Royce. Facile d'accès, l'habitacle renouvelle les codes du premium. Les designers se sont attachés à recréer l'ambiance d'un loft sur quatre roues.

⊕ UNE SACRÉE LIBERTÉ D'ESPRIT

Dans un format de 4 mètres, l'i3 offre l'habitabilité d'une Série 3. "La suppression de la console centrale est une liberté supplémentaire mise à profit pour offrir une assise d'une seule pièce

Dessinée sous la houlette du Français Benoît Jacob, la i3, première citadine électrique de l'univers premium, révolutionne les codes automobiles. Sa technologie a offert une grande liberté d'expression aux designers.

à l'avant", concède le designer français. Par contre, l'équipe a renoncé à offrir cinq places. "Les études attestent que le schéma retenu couvre 95 % des besoins. Ajouter une troisième place aurait obligé à dessiner une voiture plus large et donc plus énergivore, alors que, là, nous avons réussi à esquisser une silhouette cintrée vers l'arrière." L'ergonomie a été repensée en profondeur. Deux gestes suffisent pour que l'i3 soit prête à bondir. Au bout du bras où prend place le bouton poussoir assurant la mise sous tension du moteur électrique, un bouton rotatif gère la transmission. Benoît Jacob ne cache pas avoir cherché à casser les codes stéréotypés du luxe. L'habitacle emploie largement des matériaux recyclés ou recyclables qui participent à réduire le bilan carbone sur l'ensemble de la chaîne de valeur. Les contre-portes et la planche de bord marient des fibres végétales (coco, chanvre) au thermoplastique. La laine naturelle remplace les textiles synthétiques.

Électrique, l'i3 n'en reste pas moins une vraie BMW. Fidèle à une longue tradition, elle répond à une architecture propulsion. Le moteur électrique synchrone est implanté sur l'essieu arrière. Sa puissance de 170 ch autorise une vitesse de pointe bridée à 150 km/h et un 0 à 100 km/h identique à celui d'une 120d : 7,2 secondes. Les reprises sont encore plus spectaculaires : 4,9 secondes pour passer de 80 à 120 km/h. BMW annonce une autonomie de 130 à 160 km en mode Confort et jusqu'à 200 km en homologation, sur le mode Eco Pro + qui limite la puissance et la vitesse de pointe à 90 km/h. Très puissant, le système de régénération à la décélération dispense, dans la plupart des situations, de l'usage du frein. Pour réduire l'anxiété de certains automobilistes, BMW propose une variante équipée d'un *range extender* (REX), un prolongateur d'autonomie prenant la forme d'un bicylindre de 650 cm^3 (celui du scooter de la marque), niché dans le châssis et transformé en générateur de courant. Imposée par la législation américaine, la capacité du réservoir n'est que de 9 litres, mais cet équipement, qualifié de "jerrycan", permet de porter l'autonomie à plus de 300 km. Talon d'Achille des voitures électriques, le temps de recharge a fait l'objet d'un soin particulier. BMW propose plusieurs solutions. Sur une prise domestique, la recharge dure huit heures. Avec une Wallbox dédiée, on gagne trois heures et, avec le modèle Pro destiné aux entreprises, l'attente tombe à trois heures.

⊕ I8, LA SPORTIVE DU XXIE SIÈCLE

La deuxième rupture de BMW investit le paysage courant 2014. Guère différente des prototypes qui voyagent à travers le monde depuis la Vision EfficientDynamics, l'i8 marque une rupture dans l'approche de la voiture de sport. Par son physique et sa technologie, elle annonce une nouvelle race de bolides. À la différence de l'i3, la première supersportive des temps modernes est une hybride rechargeable. Elle se compose du nouveau bloc trois cylindres de 1,5 litre issu de la famille modulaire Twin-Power, intégrant une injection directe, un turbo et une distribution totalement variable. Grâce à une pression de suralimentation élevée de 2 bars, ce sophistiqué trois-cylindres développe ici 231 ch, soit une puissance spécifique impressionnante de 154 ch/l, et un couple maximal de 320 N.m. Il est associé à un module électrique de 131 ch. Ce dernier, placé à l'avant, transforme l'i8 en quatre roues motrices. Le moteur thermique est couplé à une transmission automatique à six rapports. Avec l'apport d'un petit moteur supplémentaire d'une vingtaine de chevaux, le couple est porté à 570 N.m sur les quatre roues. La puissance combinée atteint 362 ch. L'i8 offre le meilleur des deux mondes. D'une part, sa batterie de 5 kWh, contre 22 kWh pour l'i3, autorise une autonomie de 40 km et une vitesse de pointe de 120 km/h sur la seule puissance de son moteur électrique. Lorsque le moteur électrique booste ce trois-cylindres, l'i8 se transforme en redoutable sportive. Le 0 à 100 km/h est bouclé en 4,4 secondes et les reprises, de 80 à 120 km/h n'excèdent pas 2,6 secondes. Chef-d'œuvre de technologie autant qu'une carte de visite du savoir-faire de la marque, l'i8 revendique une consommation homologuée à 2,1 litres aux 100 km, soit des émissions de CO_2 de seulement 49 g/km. Malgré un petit réservoir de 42 litres, BMW annonce une autonomie de plus de 500 km.

La maîtrise du poids a été un élément déterminant dans la réalisation d'un excellent bilan carbone. Obnubilés par la chasse

au poids, les ingénieurs ont poussé le vice jusqu'à creuser et trouer les bras d'essuie-glaces en aluminium de l'i3. Résultat : 60 grammes économisés ! L'i8 a aussi été soumise à de fortes contraintes d'allégement. Benoît Jacob a révélé que, durant sa genèse, tous les vendredis, un comité se réunissait pour faire le point sur l'avancement du projet. Au cours d'une réunion, il a demandé de pouvoir effectuer un ajout de matière de 12 mm afin de conférer plus de galbe au capot avant. Cette modification engendrait un surpoids de 300 grammes. Impensable pour les concepteurs ! Le comité de direction a finalement statué en demandant aux ingénieurs de se débrouiller pour les enlever d'un autre endroit.

UNE GAMME i EN PLEINE CONSTRUCTION

Depuis leur lancement, les i3 et i8 ont renforcé l'attrait pour la marque BMW. Le succès des deux premiers véhicules du label BMW i varie d'un pays à l'autre. Il est conditionné par les incitations fiscales et les politiques écologiques mises en place par les gouvernements. La promesse de cette nouvelle forme de mobilité s'est accompagnée d'une panoplie de prestations de services accessibles notamment depuis l'application BMW i Remote App.

Ce n'est pas un mystère : la gamme BMW i est amenée à s'étendre. Le spyder i8 exposé au Salon de Pékin en avril 2012 pourrait donner naissance à une version de série. Le cas aussi de l'i3 trois portes. Mais on pense plus sérieusement à l'introduction d'une berline familiale et d'un SUV 100 % électriques. L'attitude des automobilistes et le capital sympathie généré par la Tesla, la présentation du concept Porsche Mission E lors du Salon de Francfort 2015 et l'annonce par Audi du lancement d'un SUV électrique en 2018 encouragent BMW dans cette voie. La date de sortie de tels véhicules est largement dépendante des progrès de la technologie, notamment dans le domaine des batteries.

Dès son apparition sur le marché, la i8 fait sensation avec sa silhouette de *supercar*. Ce modèle hybride rechargeable inaugure une nouvelle ère pour les véhicules de sport et de grand tourisme.

L'HYBRIDE DEVIENT BRANCHÉ

En parallèle de l'amélioration des performances de la voiture électrique, l'hybride rechargeable reste de loin la formule la plus polyvalente. Il s'agit d'un véhicule hybride classique qui se voit doté d'une batterie à la capacité augmentée et rechargeable sur le secteur. Cette solution n'est pas loin d'incarner le meilleur des deux mondes. Souvent surnommé "l'électrique sans prise de tête", l'hybride rechargeable cumule l'autonomie d'un véhicule classique et un rayon d'action de plusieurs dizaines de kilomètres en électrique. Certes, ces véhicules s'adressent à des automobilistes qui sont en mesure de disposer d'une prise dédiée à la recharge à leur domicile ou à proximité sur un réseau collectif et, si possible, d'une autre sur leur lieu de travail. Passage obligé pour abaisser les émissions de CO_2 des constructeurs, le véhicule hybride rechargeable n'est pas loin de représenter la solution miracle en attendant les progrès de la voiture électrique. Si BMW n'est pas le seul constructeur à avoir fait le pari de cette technologie, il est l'un des rares à proposer une variante de ce type dans presque chacune de ses gammes de produits.

À court et moyen terme, l'avenir de l'automobile passe par le développement d'une véritable gamme de véhicules hybrides rechargeables.

⊕ La fée électricité pour la ville

Annoncée par le concept Active Tourer révélé au Salon de Paris 2012, la gamme hybride rechargeable de BMW a occupé le devant de la scène au Salon de Francfort de septembre 2015. La firme munichoise a confirmé l'arrivée de quatre modèles qui profitent du savoir-faire acquis avec la technologie eDrive des modèles i3 et i8 en matière de mise au point des composants électriques, des cellules de batterie, de la gestion du système de refroidissement, de stratégie de fonctionnement et d'électronique de puissance. Tout un symbole, cette nouvelle famille de véhicules est lancée l'année du centenaire de la marque. Elle couvre la majeure partie des besoins et des marchés et se compose des 225xe, 330e, X5 xDrive40e et 740e. Avec la Série 2 Active Tourer, BMW a pensé aux familles. Sa technologie combine le trois-cylindres 1,5 litre essence de 136 ch avec un moteur électrique synchrone de 65 kW (88 ch). La puissance cumulée s'établit à 224 ch pour un couple à 385 N.m. Le miracle de l'électricité permet d'annoncer une consommation officielle de 2 litres aux 100 km, ce qui équivaut à des émissions de CO_2 de 46 g/km. Un record dans la catégorie des monospaces. Autre signe des progrès enregistrés : le volume du coffre des modèles thermiques (400 litres) est préservé grâce à la compacité de la batterie lithium-ion de 7,7 kWh installée sous la banquette arrière et au système d'entraînement électrique positionné sous le plancher de chargement. L'assise des passagers arrière est toutefois relevée de 30 mm. L'architecture retenue permet à ce véhicule familial de se transformer en quatre roues motrices. Le moteur thermique entraîne les roues avant, le groupe électrique celles de l'arrière. Un mode MAX eDrive force le système électrique et autorise une vitesse de 125 km/h. L'autonomie électrique peut atteindre 41 km tandis que le 0 à 100 km/h est avalé en 6,7 secondes. La batterie se recharge intégralement en trois heures quinze minutes sur une prise domestique. La borne murale BMW i Wallbox raccourcit le temps de recharge d'une heure.

Quant aux trois autres modèles hybrides rechargeables, ils partagent la même technologie : un quatre-cylindres turbo 2 litres essence Twin-Power turbo associé à un moteur électrique de 83 kW (113 ch). Vaisseau amiral de la flotte BMW, la 740e domine la gamme avec ses 326 ch obtenus grâce à l'adoption de la version 258 ch du 2 litres. Le X5 xDrive40e concède 13 ch. La 330e n'affiche que 252 ch en raison de son moteur thermique dégonflé à 184 ch. Véritables chasseurs de primes, ces trois modèles revendiquent des consommations proches : 2,1 litres aux 100 km pour la Série 7 et la Série 3 et 3,3 litres aux 100 km pour le X5, soit des émissions de respectivement 49 g/km et 77 g/km. Grâce à la panoplie des technologies mises en œuvre, BMW planifie à nouveau de réduire ses émissions de CO_2 de l'ordre de 25 % à l'échelle européenne de 2008 à 2020 et de diminuer par voie de conséquence sa dépendance à l'égard des énergies fossiles.

13:00:58
Reichweite
278 km
Reichweite ges.

6

LE LEADERSHIP EN MATIÈRE DE TECHNOLOGIE

Que ce soit dans le domaine de la construction des moteurs, à l'origine de sa naissance, ou dans celui de la technologie au service de l'agrément et de la sécurité, BMW s'attache à se placer à l'avant-garde de l'innovation. Ce n'est pas seulement un précieux stimulant pour les ingénieurs et pour tous ceux qui continuent à aimer l'automobile, c'est aussi le symbole d'une grande vitalité et un facteur essentiel de différenciation dans un environnement particulièrement concurrentiel.

LES MOTEURS, LA RAISON D'ÊTRE DE LA MARQUE

Il suffit de se rendre au quartier général de la marque à Munich pour comprendre que la construction des moteurs est inscrite dans ses gènes. Erigé au début des années soixante-dix en prévision des jeux Olympiques de 1972 disputés dans la capitale bavaroise, le siège de la Bayerische Motoren Werke prend la forme de quatre tours cylindriques de béton et de verre, surnommé le « quatre cylindres ». La valeur symbolique de cet édifice se trouve pleinement justifiée. Les propulseurs sont au centre de sa culture et de sa réputation. Pour beaucoup, le cœur d'une BMW reste sa mécanique. La production de moteurs a toujours orienté les développements des techniciens et bénéficié d'une enveloppe budgétaire plus importante. Au fil des décennies, les motoristes se sont attachés à soutenir la renommée de la marque en la matière et à se placer à l'avant-garde de l'innovation technologique. Comme dans le domaine de l'aviation et des motocycles, BMW assoit très rapidement son autorité dans la construction de moteurs destinés à l'automobile.

Reconnaissable à ses quatre tours cylindriques, le siège de BMW a été érigé en 1972.

⊕ LE DOGME DU SIX-CYLINDRES

Quatre ou six-cylindres ? Pourquoi pas les deux ? Dans la foulée du quatre-cylindres de 788 cm³ installé dans la 3/20, la nouvelle 303 est prête à recevoir le premier six-cylindres en ligne de l'histoire automobile de BMW en février 1933. Produit à Eisenach, ce propulseur conforte la réputation de brillant motoriste que le constructeur s'est déjà forgée dans les secteurs de l'aviation et des motocycles. Par manque de moyens, Fiedler n'a pas pu aller au bout de son raisonnement. Le moteur doit se contenter d'un arbre à cames latéral. La culasse "double-arbre" viendra plus tard. Inauguré avec une cylindrée de 1,2 litre en 1933, le six avoisine les 2 litres trois ans plus tard. Ce moteur, c'est une certitude, ira loin. La guerre freine son élan mais la première BMW de l'après-guerre, la 501 révélée au salon de Francfort de 1951 retrouve le fameux bloc. Il est très vite chapeauté par un V8 en alliage léger de 2,5 litres. Avec le renfort de deux carburateurs Zenith et le passage de la cylindrée à 3,2 litres, le V8 affiche 150 ch sous le capot du roadster 507. Son avenir assuré avec des résultats financiers de nouveau dans le vert, Munich aspire à repartir à la conquête de nouveaux segments et notamment celui des grandes routières confisqué par les grandes berlines Mercedes. Successeur de Max Fiedler, Bernhard Osswald est chargé d'élaborer un nouveau six-cylindres au milieu des années 1960. L'architecture "en ligne" concourt à un parfait équilibrage du moteur et à une répartition des masses idéale, condition indispensable pour servir les prétentions sportives des modèles. Transfuge de Ford, l'ingénieur Osswald adopte des solutions techniques qui vont installer les moteurs BMW au firmament de la production automobile mondiale. Monté sur un vilebrequin à sept paliers et parfaitement équilibré, le six-cylindres en ligne de nouvelle génération se distingue par sa souplesse et sa capacité à tourner à des régimes élevés. Né avec une cylindrée de 2,5 litres, ce bloc se signale par sa nette propension à évoluer. Poussé à 2,8 litres, le "6 en ligne" à un arbre à cames en tête délivre 170 ch. Les besoins de la compétition nourrissent l'escalade à la puissance. Cette période est marquée par l'inauguration de la fonderie de Landshut. Eberhard von Kuenheim, le président de BMW, a pris a décision, lourde de signification, de maîtriser la production des propulseurs.

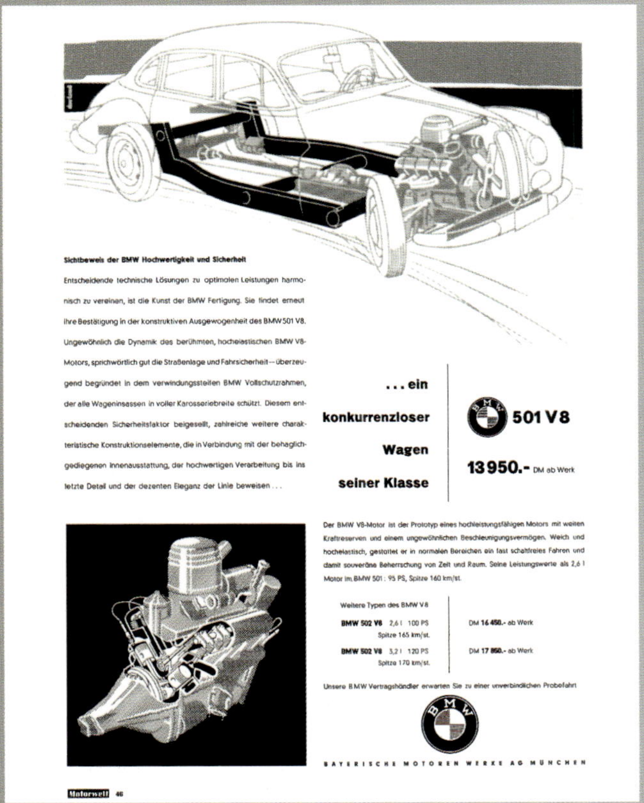

Six-cylindres en ligne ou V8 en alliage léger : l'onctuosité des moteurs BMW découle d'une grande sophistication technique.

UNE DÉMONSTRATION DE MAÎTRISE TECHNOLOGIQUE

Depuis les années 1970, les motoristes bavarois sont régulièrement mis à l'épreuve. BMW dont l'argument de vente principal réside dans les performances de ses moteurs et de ses modèles va-t-il être obligé de négocier un virage à l'aune du renchérissement du prix du baril d'or noir et de la nécessité de réaliser des économies d'énergie ? Alors que le six en ligne soutient la montée en gamme, les différentes récessions sont autant de périodes d'incertitude. Le caractère brillant des mécaniques BMW est-il compatible avec des impératifs économiques et législatifs de plus en plus contraignants ? Les motoristes règlent le conflit en lançant de nouvelles pistes de développement. Dans le domaine des moteurs à essence et diesel, les motoristes explorent aussi des pistes pour en optimiser le rendement. La désactivation des cylindres n'a jusqu'à présent pas été retenue contrairement à la coupure du moteur à l'arrêt (*Stop & Start*) qui est devenue le dénominateur commun de tous les modèles de la gamme.

"E" POUR "ETA" OU ÉCONOMIQUE

Lors de sa conférence technique de 1983, BMW dévoile le concept "eta". A partir d'une 520i de 125 ch, les motoristes ont déplacé la plage de fonctionnement du moteur vers le bas de manière à faire tourner le moteur à des régimes plus lents. La cylindrée a été augmentée à 2,7 litres.
L'arbre à cames ne tourne plus que sur quatre paliers. La puissance est inchangée mais elle est obtenue à 4 250 tr/min au lieu de 5 800 tr/min précédemment.
En pratique, le six en ligne voit son caractère émoussé sous l'effet de l'allongement de la démultiplication de la transmission.
Cette technologie connaîtra un succès mitigé, les clients considérant que BMW est allé beaucoup trop loin dans l'exploitation de l'économie, dégradant l'agrément si caractéristique des six en ligne.

Présenté en 1983, le six-cylindres "eta" se démarque par une plage de fonctionnement déplacée vers le bas.

⊕ UN V12 POUR LE PRESTIGE

Au milieu des années quatre-vingt, l'intensité du conflit performance/consommation a endormi les cadres de l'entreprise. Assailli par Audi, Mercedes et même des constructeurs généralistes, BMW doit corriger le tir s'il veut retrouver son rayonnement. Au salon de Genève de mars 1987, le Dr Reitzle, directeur du département Recherche et Développement, frappe les esprits en présentant le premier V12 automobile de BMW. Non content de prendre un avantage, fût-il seulement psychologique, sur Mercedes, en étant le seul constructeur allemand à proposer un tel moteur au catalogue depuis la fin de la Seconde guerre mondiale, BMW rejoint aussi le cénacle d'une élite composée de Ferrari, Jaguar et Lamborghini. L'option 12 cylindres magnifie les performances de la 750i. Construit principalement en alliage d'aluminium, le V12 M70 pèse seulement 240 kilos. Obtenu par l'association de deux six cylindres en ligne de la 325i, ce V12 de 5 litres de cylindrée délivre une puissance de 300 ch à 5 200 tr/min et 450 N.m. de couple à 4 100 tr/min, avec ou sans catalyseur. Ce moteur est une prouesse technologique. Il dispose de deux gestions moteur, de deux débitmètres. Il marque le début du multiplexage avec la disparition de la pédale d'accélérateur à câble.

⊕ UNE BATTERIE D'INNOVATIONS

Alors que l'on s'approche du XXIe siècle, l'industrie automobile est sommée de réduire son empreinte carbone. Chez BMW, ces contraintes amènent les cerveaux du FIZ à redoubler d'efforts et de créativité pour préserver l'agrément de conduite. En 2001, la 316i étrenne l'invention d'un ingénieur de la maison. Faisant l'objet d'un dépôt de brevet, cette technologie baptisée Valvetronic repose sur la distribution entièrement variable.
Ce système s'étend ensuite à tous les modèles. Il a pour but de réduire l'effet de pompage lorsque le moteur fonctionne à bas régime grâce à la levée variable des soupapes pilotée par un arbre à cames intermédiaire. La baisse de consommation atteindrait 18 % au ralenti et 6 % à 3 000 tr/min. Le Valvetronic est couplé au VANOS (Variable Nockenwelle Steuerung). En 1994 sort le double VANOS sur tous les six en ligne. Le moteur S52B32 de la M3 E36 LCI (*Life Cycle Impulse*) en profite aussi. Cette fois-ci, la distribution variable opère à l'admission et à l'échappement. "En plus d'améliorer le rendement du moteur, le double VANOS réduit les émissions de gaz polluants. Le système se signale par une meilleure maîtrise des gaz rentrants", certifie Pascal Mitsch, directeur technique de BMW France.

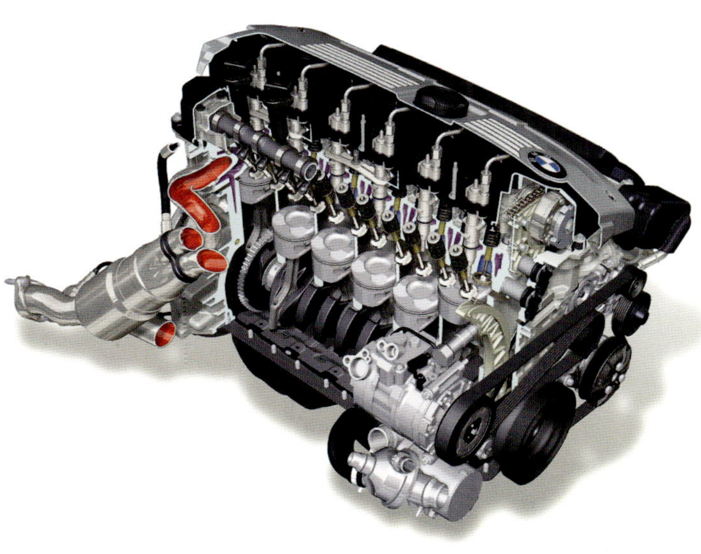

En 1987, BMW rejoint le cercle fermé des producteurs de 12 cylindres. Ce nouveau moteur propulse son nouveau porte-drapeau : la 750 iL.

LA RÉVOLUTION SOUS LES CAPOTS

BMW entend démontrer qu'il mérite son titre de numéro un en renforçant sans cesse son arsenal technologique. En 2007, il est le premier à proposer un package complet de solutions permettant de réduire drastiquement la consommation. Au total, le programme Efficient Dynamics comporte vingt-sept nouvelles technologies. La Série 1 LCI est le premier modèle à bénéficier de ce bouquet de technologies. Il intègre le *Stop & Start* sur certains modèles, la récupération de l'énergie au freinage, des pièces réalisées en matériau léger, les compresseurs de climatisation et de pompes à eau débrayables, des pneumatiques à basse résistance au roulement, des volets d'admission d'air pilotés, des indicateurs de changement de rapport pour inciter le conducteur à conduire plus souplement, la direction électrique. En l'espace de vingt-cinq ans, les techniciens ont réussi à gagner 45 % de puissance sur la 525i (218 contre 150 ch) tout en consommant un tiers de moins (7,5 l contre 11,1 l) en tenant compte du changement de normes. C'est à partir de cette période que BMW s'engage résolument dans la voie de la réduction de la cylindrée et du turbocompresseur. Le *downsizing* façon Munich n'a pas entamé les gènes sportifs des moteurs. Il est désormais en mesure de déployer la technique Twin-Power Turbo à l'ensemble de ses productions. Selon les modèles et les niveaux de gamme, BMW a développé quatre systèmes : le turbo simple à double entrée dit twin-scroll, le double turbo en séquentiel, le double turbo en parallèle et le triple turbo en séquentiel. Le turbo est allié au système Valvetronic. "Cette association améliore la gestion des flux gazeux, offre une dépollution simplifiée et réduit le temps de réponse inhérent au turbo", certifie Pascal Mitsch.

LE MOTEUR DIESEL À LA POINTE

L'expérience du moteur à essence profite pleinement au diesel. Dès 1978, Munich travaille sur le développement d'un moteur de ce type qui, il faut bien le dire, ne galvanise pas les troupes. Est-ce bien la vocation du prestigieux constructeur de voitures

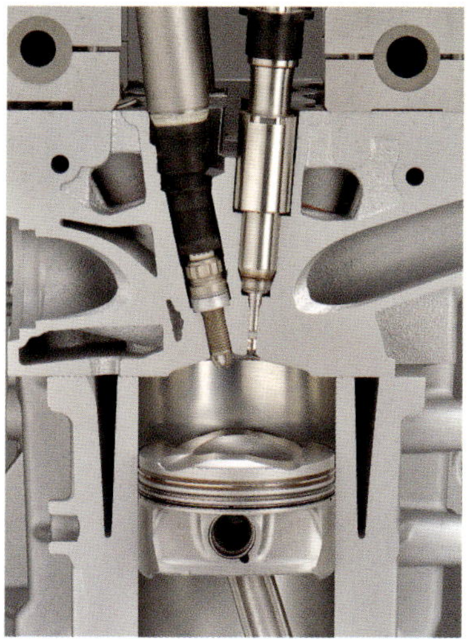

Injection directe d'essence, concept Twin Power Turbo, nouvelle architecture moteur : les motoristes multiplient les pistes de développement.
Page suivante : La M4 assurant le pace-car dans le cadre du championnat MotoGP a servi de laboratoire à la technologie de l'injection d'eau.

sportives de proposer une version diesel ? L'évolution du marché européen allait lui donner raison. Depuis la 524Td qui a essuyé les plâtres, la marque a installé ses propulseurs au sommet de la hiérarchie. Avec ce premier essai, BMW prend des risques, jouant le rôle de cobaye pour l'équipementier Bosch, en assurant le développement de la gestion électronique baptisée DDE. Au regard de l'importance prise par le diesel en Europe, Munich n'a jamais cessé le développement de ses blocs diesels. À partir de la 525 TDS, l'électronique est développée en partenariat avec Bosch. Au fil des évolutions et des générations, les puissances progressent tandis que les émissions et la consommation régressent. La dernière 730d se signale par son rendement incroyable : 265 ch pour une consommation normalisée de 4,5 litres aux 100 km, soit des émissions de CO_2 maîtrisées de 119 g/km.

⊕ UNE NOUVELLE ARCHITECTURE

Dans la perspective de réduire drastiquement ses émissions de CO_2 à l'échelle mondiale et en parallèle du partage des plateformes et de nombreux systèmes et organes, le Directoire prend la décision d'élaborer une architecture moteur offrant une cylindrée unitaire de 499 cm^3 qui sera déclinée en des 3, 4, 6 cylindres et plus. Encore une fois, les ingénieurs munichois démontrent l'étendue de leur savoir-faire. À partir de ce schéma, on peut produire indifféremment des moteurs à essence comme des diesels. Tout l'intérêt de cette démarche consiste à fabriquer tous les moteurs à partir de fonderies de blocs et de culasses identiques. Gain de temps, réduction des coûts, simplification de la formation : les avantages sont nombreux.

⊕ DES PISTES D'AVENIR

Munich n'entend pas se reposer sur ses lauriers et, soucieux de préserver la longueur d'avance qui lui vaut de conserver l'avantage sur la concurrence, continue d'explorer une multitude de pistes. La première d'entre elles repose sur l'injection d'eau. Ce système s'appuie sur des injecteurs d'eau disposés dans le collecteur d'admission d'air du moteur, à proximité immédiate des chambres de combustion. BMW a déjà pris la décision de l'installer sous le capot de la série limitée M4 GTS en 2016.
Régulièrement, la capacité des moteurs BMW à afficher plus de puissance que la concurrence à cylindrée égale soulève de nombreuses interrogations. En réalité, cette démonstration de force s'appuie en majeure partie sur le fait que BMW réalise lui-même depuis plusieurs décennies le software des boîtiers électroniques de ses moteurs. Il en résulte un fonctionnement harmonieux entre la gestion moteur et la transmission.
Enfin, l'admiration soulevée par les moteurs made in Munich découle de la sensibilité automobile très développée du personnel de l'entreprise. La plupart des collaborateurs chargés de la conception des produits sont de véritables *cars guys* selon un jargon propre à la profession. Passionnés d'automobiles, ils vivent le produit intensément.

UNE TECHNOLOGIE À L'AVANT-GARDE DE L'INNOVATION

Outre des moteurs aussi performants que sobres, un véhicule haut de gamme se reconnaît à sa qualité de fabrication, à la noblesse de ses matériaux et à ses technologies à la pointe de l'innovation. Sur ce dernier point, BMW met un point d'honneur à donner le la en matière de construction automobile. Un principe guide le travail des ingénieurs : les innovations sont orientées "client". En d'autres termes, la technologie doit apporter un bénéfice au client, que ce soit en matière de plaisir de conduite, de sécurité, de confort et de connectivité. Dans le courant des années 1980, l'entreprise se structure afin d'être en mesure de renforcer le contenu technologique de ses produits.

⊕ LE FIZ, LA RUCHE DE L'INNOVATION

Le succès se construit dans les usines, mais aussi dans les bureaux d'études. Les multiples services et entités de ces derniers sont éparpillés géographiquement à Munich et dans ses environs. Cette organisation nuit à l'efficacité et à la performance de l'entreprise, alors même que l'industrie automobile s'est engagée dans un processus de réduction des délais de conception et de mise sur le marché des véhicules pour mieux répondre aux demandes des automobilistes. Pour gagner la course de vitesse dans laquelle sont engagés les constructeurs,

Baptisé FIZ, le centre de Recherche et Développement de BMW a été inauguré en 1987 à Munich.

BMW doit modifier son mode de fonctionnement. Au début des années 1980, BMW entérine le projet de construction d'un grand centre de recherche et d'innovation, le FIZ (Forschungs- und Innovationszentrum). Voulu par Eberhard von Kuenheim, ce bâtiment érigé au nord de Munich a pour mission de casser les hiérarchies habituelles et de rapprocher l'ensemble des personnels impliqués dans la conception d'une automobile, depuis l'ingénierie jusqu'au commercial, en passant par le marketing, le prototypage, les fonctions achat et le planning de fabrication. Inauguré en 1987, le FIZ accueille plus de neuf mille deux cents collaborateurs sur une surface de 500 000 m². Le bâtiment a été conçu horizontalement et non verticalement de manière à donner le sentiment que tous les collaborateurs sont placés au même niveau. Dans ce vaste laboratoire d'idées et de réflexion, les collaborateurs sont regroupés par gestion de projet. Cet agencement modulable varie suivant les besoins de l'entreprise et l'avancement d'un programme.

⊕ M TECHNIK, UN RÉSERVOIR D'IDÉES

Dans le courant des années 1980, BMW met tous les atouts de son côté pour stimuler la créativité en formant la division BMW Technik GmbH. Elle a pour mission d'explorer de nouveaux concepts automobiles et des nouvelles technologies sans les contraintes de la planification des véhicules de série. Toutefois, la totale liberté laissée aux ingénieurs doit accoucher de solutions ayant un potentiel de développement pour la série. Alors que l'une des premières études reste un cas à part en donnant naissance au roadster Z1, les autres prototypes influencent considérablement le développement des modèles de série. En 1993, le concept Z13 explore le thème de la citadine du xxiᵉ siècle. Alors que toutes les études annoncent l'augmentation de la population des villes et la naissance de mégapoles, BMW réfléchit à la mobilité individuelle du futur. La Z13 ne pèse que 830 kg grâce à une structure et une carrosserie en aluminium. Le conducteur est installé au centre du véhicule. Deux passagers peuvent prendre place de part et d'autre, derrière le conducteur. Autre originalité du concept : le moteur, un quatre-cylindres à refroidissement liquide provenant de la moto K1100, est installé en position centrale arrière. La créativité débridée des ingénieurs s'illustre à travers la Z18 de 1995, ce prototype puisant son inspiration dans les motos d'enduro. Aussi déroutant que précurseur, ce véhicule anticipe d'une certaine manière la vague des SUV. L'univers de la moto et du plaisir de conduite inspirent aussi la BMW Just 4/2. Le concept suivant est sans doute le plus complet jamais imaginé par la division BMW Technik GmbH. Révélée en 1999, la Z22 est un manifeste du futur. Son contenu technologique prépare les automobilistes aux BMW de série proposées à partir de 2001. La Z22 ne comprend pas moins de soixante-dix innovations et soixante et un brevets dans les domaines de la conception de la carrosserie, de la construction légère, de la sécurité, de l'électronique et de l'ergonomie intérieure. Devenu l'un des principaux enjeux des constructeurs pour réduire la consommation et les émissions polluantes, l'allégement repose sur l'emploi de la fibre de carbone renforcée de plastique. BMW va recourir de plus en plus fréquemment à ce matériau high-tech. Aujourd'hui, il peut se targuer de posséder une grande maîtrise dans la production du CFRP (*Carbone Fiber Reinforced Plastic*). BMW y recourt depuis quelques années pour la confection du toit de la M6 ainsi que pour celui de certaines M3 et de la M4. Dans les années qui viennent, de plus en plus de véhicules utiliseront ce matériau. La sixième génération de la Série 7 s'allège de près de 130 kg en recourant à cette technologie pour la confection de la partie supérieure de la structure.
La Z22 nourrit le discours technologique de BMW. La grande révolution se concentre à l'intérieur. Pensé au début des années 1970, le fameux tableau de bord avec la console centrale orientée vers le conducteur a disparu. Toutes les informations sont désormais regroupées dans un écran central piloté depuis des boutons implantés dans le volant.

Z1 Coupé, Z13 et Z18 : trois études de l'entité M Technik qui ont influencé le développement des véhicules de série.

⊕ MIRAMAS, UN CENTRE D'ESSAIS ENTRE OLIVIERS ET CIGALES

Du sang français coule dans les veines des BMW. En effet, aucun modèle de la marque n'obtient son visa pour la série sans avoir satisfait à la batterie de tests du centre d'essais de Miramas, à proximité de Salon-de-Provence, dans les Bouches-du-Rhône. En 1986, BMW acquiert ce site de 473 hectares après en avoir été locataire pendant plusieurs années auprès du fabricant de pneumatiques Kléber-Colombes, propriétaire des lieux depuis 1970. Miramas est parfaitement adapté au développement des véhicules. Les lieux comportent une multitude de pistes : un anneau de vitesse, un ovale de 6,15 kilomètres particulièrement adapté aux essais d'endurance à haute vitesse, et le HK1, un tracé dédié à l'étude comportementale des véhicules. Au total, cela représente plus de 40 kilomètres de pistes asphaltées. D'autres installations déployées sur une superficie de 180 000 m² et permettant de tester et d'évaluer les véhicules dans toutes les situations possibles et imaginables complètent le dispositif.

Alors que la mise au point des véhicules est assuré en Allemagne, mais également lors des missions chaudes et froides organisées dans différentes régions du globe, l'activité de Miramas se concentre sur l'analyse de tout ce qui peut poser problème sur un véhicule et sur l'évaluation du stade de développement. De nombreux arguments ont milité pour l'installation de BMW à Miramas : le climat clément, l'absence de zone à forte population alentour, la proximité du mont Ventoux et de ses routes particulièrement exigeantes renforçant la qualité des tests.

Une vue aérienne du centre d'essais de Miramas qui s'étend sur 473 hectares, dans le sud-est de la France.

UNE ESCALADE TECHNOLOGIQUE AU SERVICE DU PLAISIR DE CONDUIRE

Chez BMW, la qualité technique est mise au service du plaisir. Un plaisir responsable où se conjuguent l'agrément de conduite, la sécurité, le confort et la connectivité. Dans ces quatre domaines interconnectés, la firme munichoise s'attache à "être en pointe". Ce contrat qu'elle a passé avec sa clientèle remonte au début des années 1970. Avec clairvoyance, les dirigeants de l'époque perçoivent que, pour opérer dans le domaine du luxe et de l'univers premium avec quelques chances de succès, il est nécessaire de se placer à l'avant-garde de la technologie. L'intégration de plus en plus importante de l'électronique et du multiplexage dans les véhicules joue un rôle fondamental dans l'élévation du niveau de prestations offert. Son statut de leader du premium trouve sa traduction dans le déploiement d'une grande partie des technologies à l'ensemble des gammes.

⊕ DES LIAISONS AU SOL SOPHISTIQUÉES

Si le dynamisme et l'agilité ont toujours été la marque de fabrique des châssis BMW, ce fut parfois au détriment d'une certaine facilité d'usage. Il fut un temps où l'on reprochait aux BMW de chasser de l'arrière et où il fallait déployer des talents de pilote pour maîtriser un modèle bavarois, particulièrement sur un sol humide ou à faible adhérence. Ce type de comportement, qui est la rançon d'une architecture propulsion, n'a plus cours. En l'espace de quelques années, BMW a gommé les principaux effets pervers de ses choix conceptuels au point de devenir la référence du marché en matière de comportement. Ces progrès ont été accomplis grâce au renforcement du contenu technologique et à l'augmentation de la rigidité des

Wolfgang Reitzle fait découvrir les installations du FIZ en présence d'Eberhard von Kuenheim.
La Série 7 de 2008 inaugure les quatre roues directrices.

carrosseries, grâce à l'amélioration de la qualité des aciers. L'influence de l'électronique a aussi été déterminante dans l'intégration de systèmes d'aide à la conduite. Ainsi, la Série 7 de 1979 a été l'une des premières automobiles à étrenner le système antiblocage des roues. En 1992, la Série 3 (E36) a introduit l'antipatinage ASC et en 1994, la Série 7 a inauguré le contrôle dynamique de stabilité DSC. La qualité d'intervention de tous les systèmes découle de la rapidité des faisceaux de bord. BMW a été pionnier dans le développement de compétences en matière de multiplexage et de programmation des réseaux.

La transmission intégrale introduite au catalogue en 1985 avec la Série 3 participe au progrès du comportement routier. Depuis l'arrivée du X5 en 1999, les performances du système xDrive n'ont cessé de progresser en lien avec le DSC. Les quatre roues motrices se sont étendues progressivement à l'ensemble des gammes, à l'exception de la Z4. Les clients ont adhéré au-delà des espérances à la technologie xDrive. En 2014, elle a représenté 38 % des immatriculations de BMW en France. Depuis 2008, BMW a ajouté la direction à quatre roues directrices à son catalogue. La Série 7 est pour le moment la seule à proposer ce système, qui contribue à la maniabilité en ville en réduisant le rayon de braquage et à la stabilité à haute vitesse. La suspension pneumatique adaptative de série peut être complétée en option de l'Active Comfort Drive. Ce système particulièrement novateur repose sur une caméra située en haut du pare-brise, qui anticipe les irrégularités de la chaussée et prépare la suspension en conséquence.

⊕ UN ARSENAL SÉCURITAIRE

En matière de sécurité, BMW fait aussi figure de pionnier. Dès le milieu des années 1970, le constructeur crée une cellule qui analyse et décortique les données des accidents impliquant l'un de ses modèles. Ce processus vise à trouver des solutions pour réduire le nombre d'accidents et les conséquences d'une collision. En 1980, la 745i est le premier véhicule au monde à se doter d'un ordinateur de bord comprenant un indicateur de température. L'année 1997 est à marquer d'une pierre blanche. BMW est le premier constructeur au monde à proposer une

Le système « Night Vision » constitue une avancée majeure en termes de sécurité.

fonction d'appel d'urgence, d'abord aux États-Unis et, depuis 1999, aussi en Europe. En cas d'accident, le système adresse une alerte au centre d'appel BMW. La présence du GPS de navigation permet de localiser le véhicule, mais aussi, d'après les informations recueillies par les capteurs embarqués, notamment ceux des airbags, de fournir des indications sur le type de collision et les risques de blessure.

L'électronique conduit à l'intégration de nouvelles fonctionnalités permettant d'améliorer la vigilance du conducteur et de réduire le risque d'accident : assistant de maintien dans la voie, avertisseur de franchissement de ligne, détecteur d'angle mort, avertisseur de risque de collision avant avec freinage d'urgence, lecture des panneaux routiers. BMW n'entend pas se substituer au conducteur, mais plutôt à le prévenir et à l'aider à anticiper une situation qui peut être source d'accrochage. C'est dans ce contexte que la Série 7 a été le premier véhicule à introduire le système *Night Vision*. Il repose sur une caméra thermique qui repère les personnes et les animaux dans la nuit.

La décennie 2010 a marqué l'arrivée de projecteurs de plus en plus intelligents, capables de lire dans les coins, de réguler automatiquement l'intensité du faisceau en fonction des conditions de circulation et de gérer le passage phares-codes afin de ne pas éblouir les véhicules que l'on croise ou que l'on précède. La nouvelle Série 7 se démarque en étant la voiture de son segment à inaugurer la technologie laser. Ces modules doublent la portée des feux de route, de 300 mètres à 600 mètres.

Vers une voiture de plus en plus connectée

Changer la relation homme-machine en profitant des nouvelles technologies de l'information et de la communication, telle est l'ambition que s'est assignée BMW. La Série 7 introduit le système de navigation par GPS dans la voiture en 1994, une panoplie de service via le portail Internet de BMW Assist en 2001. Autour du concept ConnectedDrive, le X5 de 2007 est le premier véhicule à ouvrir l'accès à Internet, à offrir un service de conciergerie et des informations routières en temps réel. Big Brother se niche décidément partout et BMW a développé via Télé Services, un système capable d'envoyer directement au réseau après-vente leurs besoins de maintenance sans que le conducteur le sache.

En 1998, BMW se montrait déjà visionnaire avec le Key Reader permettant la lecture de la clé de contact. Installé dans les concessions, ce système analysait déjà tous les paramètres de la voiture et notamment la viscosité de l'huile moteur et l'usure des plaquettes de freins. Ce programme vise à révolutionner l'organisation des ateliers et notamment à planifier la charge de travail du réseau après-vente et à augmenter la qualité du service.

Depuis 2010, l'ensemble de la gamme bénéficie de ces développements. En constante évolution, ce projet a vu une nouvelle page s'ouvrir avec la mise en place d'une plate-forme dédiée à la gestion des rendez-vous atelier.

À la fin de la décennie 2000, BMW a commencé à généraliser l'accès à Internet et l'affichage tête haute.

L'AUTOMOBILE DEVIENT AUTONOME

Y aura-t-il encore un pilote au volant demain ? BMW fait partie de la catégorie des constructeurs qui n'entendent pas laisser les clés de la voiture à une intelligence artificielle. Le conducteur reste placé au centre des préoccupations et il n'entend pas lui substituer une machine. Par contre, BMW est tout à fait enclin à confier à la voiture les tâches les plus rébarbatives, comme la progression dans les embouteillages urbains ou encore les manœuvres de stationnement. À ce titre, la dernière génération de la Série 7 marque une étape décisive dans le développement rituel de la famille du constructeur. Elle constitue le manifeste de l'état de l'art en matière d'innovations. Son contenu technologique a vocation à s'étendre à l'ensemble des modèles des différentes gammes.

⊕ LE STATIONNEMENT AUTONOME

Finies la corvée de la recherche de place de stationnement et les manœuvres. La nouvelle Série 7 se dispense déjà de conducteur pour trouver une place en épi ou en file indienne et effectuer les manœuvres de stationnement. Finie aussi l'angoisse de garer ce vaisseau dans un garage ou une place étroite. BMW commercialise en option "le stationnement autonome télécommandé". Le conducteur n'a plus besoin d'être au volant. La voiture se gare toute seule. L'opération se pilote depuis la clé intelligente BMW Display Key. Sa réussite nécessite d'avoir préalablement placé la voiture face à l'emplacement. La voiture ressort aussi en marche arrière... sans conducteur. Toujours grâce à la clé. Celle-ci est conçue comme un petit ordinateur. Intégrant un écran tactile, ce gros boîtier, qui fonctionne jusqu'à une distance de 300 mètres, permet de vérifier si les portes et le toit sont fermés, les ouvrants verrouillés, les projecteurs allumés, de connaître le niveau de carburant et l'autonomie restante ou encore de programmer la climatisation et le chauffage.

⊕ LA COMMANDE GESTUELLE

Gadget ou vraie trouvaille ? Depuis son apparition, le système iDrive n'a cessé de s'améliorer en vue de simplifier l'accès aux fonctionnalités de l'écran d'informations. Après les boutons de raccourcis, la commande vocale, la molette rotative dénommée

La sixième génération de la Série 7 va très loin dans la conduite assistée avec les manœuvres de parking semi-automatique et l'écran multifonction commandé par des gestes des mains.

"Controller iDrive Touch", BMW étrenne un système commandant l'accès à certaines fonctions par des gestes des mains. Cinq fonctions sont d'ores et déjà proposées : régulation du volume, prise et rejet d'un appel téléphonique, accès au menu principal. Une caméra dissimulée dans le plafonnier interprète les opérations mimées par la main. Ce système contribue à améliorer la sécurité en évitant de quitter la route des yeux.

⊕ La conduite semi-automatisée

Depuis très longtemps, BMW fait rouler des prototypes sans conducteur sur ses pistes d'essais. Cette voiture très aboutie est quasiment prête à prendre la route. De nombreux obstacles ralentissent son arrivée. Le premier est réglementaire. La Convention internationale de Vienne (1968), dans son article 8, précise que "tout conducteur doit être capable de contrôler son véhicule". Un groupe de travail réfléchit à l'amendement de ce texte à l'horizon 2017. Un autre écueil se dresse sur la route de la voiture autonome : la question du partage des responsabilités. Qui sera déclaré responsable en cas d'accident ? Pour pouvoir circuler de manière sûre, les véhicules devront aussi s'appuyer sur des réseaux de communications fiables et des infrastructures adaptées. Mais le principal frein pourrait bien être psychologique. Les automobilistes laisseront-ils les systèmes électroniques prendre les commandes des voitures ? Les constructeurs misent sur une évolution progressive. Une première étape a déjà été franchie. Elle consiste à marier des aides à la conduite déjà diffusées à grande échelle, telles que le régulateur de vitesse adaptatif avec fonction stop and go et gestion des changements de limitation de vitesse, les avertisseurs de franchissement de ligne, de risque de collision par l'avant avec freinage d'urgence automatique, d'angle mort, et le système de maintien dans la file. Jusqu'à présent, BMW proposait le "pilote automatique en embouteillage" sur les hauts de gamme. Ce système ne fonctionnait que sur autoroute et jusqu'à 60 km/h. La dernière Série 7 étend, en première mondiale, le pilote automatique sur tous les types de route et jusqu'à une vitesse de 210 km/h. Les ingénieurs ont rendu possible la conduite semi-automatisée en intégrant les assistants directionnels et de contrôle de la trajectoire, de maintien dans la voie couplé à la surveillance latérale. Si la direction corrige d'elle-même la trajectoire de la voiture, pour des raisons de sécurité, le conducteur doit conserver une main sur le volant. Le passage à l'étape suivante, celle de la conduite 100 % autonome, nécessite de se placer à l'avant-garde de la révolution digitale. C'est ainsi que BMW s'est associé à Audi et à Mercedes pour racheter à Nokia un petit bijou de technologie, le système de cartographie Here. Entérinée durant l'été 2015, cette acquisition garantit aux trois acteurs allemands du haut de gamme une indépendance totale et une parfaite maîtrise dans les domaines stratégiques des services de cartographie et de géolocalisation.

Le stationnement de la Série 7 dans un garage peut désormais être piloté depuis l'extérieur par la clé de contact.

7

M, L'ESTAMPILLE SPORTIVE ET SUPERLATIVE

Dès 1972, BMW jette les bases d'une nouvelle catégorie de véhicules hautes performances dont la conception est guidée par les enseignements de la compétition. Abrités sous le label M, ces modèles transcendent le caractère sportif et l'image technologique de certains produits de la gamme bavaroise jusqu'à faire figure de référence aux yeux des amateurs. En signant les véhicules les plus puissants, les plus sportifs et les plus exclusifs de la famille BMW, la division Motorsport participe à la réputation et au rayonnement de la firme allemande à travers le monde.

UNE SPORTIVITÉ EXACÉRBÉE

Si la plupart des constructeurs se vantent de regrouper leurs modèles les plus sportifs sous des labels spécifiques, hélas, dans certains cas, galvaudés, le concept initial revient à BMW. Au début de l'année 1972, Robert A. Lutz, le directeur commercial de la firme à l'hélice, convainc l'état-major que le seul moyen de mettre fin à la série victorieuse des Ford Capri dans le championnat d'Europe des voitures de tourisme est d'embaucher le principal artisan de cette suprématie. C'est ainsi que, peu après le Salon de Genève, Jochen Neerpasch quitte Cologne pour Munich et crée *ex nihilo* une entité distincte au sein de la firme. Dénommée BMW Motorsport GmbH et symbolisée par la treizième lettre de l'alphabet, la nouvelle structure est enregistrée le 1er mai. Tout en reportant directement à Bob Lutz, Neerpasch est maître chez lui. Cette autonomie de décision et de gestion implique que la nouvelle division soit gérée comme une véritable *business unit*. En clair, le département M doit devenir un centre de profit. Une règle qui influe considérablement le cours des événements. Outre la préparation des voitures destinées à la compétition, l'équipe de Neerpasch, composée au départ de trente-cinq collaborateurs, s'attache rapidement à développer de nouvelles activités susceptibles de financer le département. C'est ainsi que l'on découvre bientôt qu'il existe quatre M. M Power régit l'activité des moteurs à hautes performances destinés à la compétition, mais également à la lignée de routières très sportives. M Technik gère les développements d'équipements installés de série sur les modèles M ou disponibles en option sur certains modèles de la gamme BMW. M Style abrite la ligne de vêtements Motorsport. M Design est une autre ligne de produits dérivés. Le dénominateur commun de ces quatre activités : les trois bandes, ciel, marine et rouge. Ces bandes ont été imaginées par Alice Bracq, à l'époque où son mari, Paul Bracq, est en charge du bureau de design.

Chez Motorsport, les motoristes attachent autant d'importance à l'aérodynamique des carrosseries qu'au design des caches culasses souvent gravés « BMW M Power », comme ici pour la M3 Evolution.

DES PREMIERS PAS GUIDÉS PAR LA COURSE

Dès les premières semaines de sa constitution, la division Motorsport se concentre sur l'amélioration des performances des modèles de série existants en vue de leur homologation en compétition. La seconde série de la 3.0 CSL (L pour Leichbau) est le premier véhicule à étrenner les couleurs M. Chargé de défendre les couleurs de la maison dans le championnat d'Europe des voitures de tourisme, le coupé 3.0 CSL reçoit ainsi dans le courant de l'année 1972 un équipement aérodynamique imaginé conjointement par le bureau de style et le nouveau département. Ce dispositif a beau magnifier le coupé, le service des Mines français refuse d'homologuer l'évolution de la 3.0 CSL, surnommée Batmobile, jugeant les dérives et les ailerons dangereux pour la sécurité, notamment les cyclistes. Sans compter qu'ils obstruent la visibilité vers l'arrière. Une décision d'autant plus inexplicable que Porsche obtient gain de cause avec sa 911 Carrera 2,7 RS et réussit à conserver la fameuse queue de canard. De son côté, BMW est contraint de livrer ses 3.0 CSL avec l'aileron arrière mobile démonté dans le coffre. Les essais montrent pourtant que la version "aérodynamique" annihile les problèmes de stabilité dans les courbes et améliore sensiblement la tenue de cap et la sensibilité dans la direction. M avant l'heure, cette série de la 3.0 CSL est produite à seulement cent dix unités. À condition de la commander en blanc Chamonix ou gris Polaris, le coupé s'agrémente des fameux parements M. La cylindrée poursuit sa route vers les sommets. Celle du coupé allégé passe de 2 985 cm^3 à 3 153 cm^3 par une augmentation combinée de l'alésage (84 mm au lieu de 80 mm) et de la course (89,35 mm au lieu de 89 mm). La puissance progresse de 6 ch pour s'établir à 206 ch à 5 600 tr/min. Le couple augmente dans les mêmes proportions, passant de 27,7 m.kg à 29,2 m.kg à 4 200 tr/min. La transmission s'enrichit d'un différentiel autobloquant tandis que la dimension des roues et des pneus s'accroît, ainsi que la flexibilité des ressorts avant. Au catalogue des options figurent des amortisseurs à gaz Bilstein raffermis. Une cure d'allégement complète le cahier des charges. Si le pare-brise et les vitres avant sont en verre feuilleté, la vitre arrière est réalisée en plastique. Affichant des performances similaires à la Porsche 911 S et à la Ferrari 365 GT4, la BMW 3.0 CSL revendique une vitesse de pointe de 220 km/h et un 1 000 mètres départ arrêté en 27,5 secondes. Munich a réussi son coup : la concurrence a cessé de se gausser. Le coupé bourgeois 3.0 CSi est

Les deux premières BMW à porter les couleurs Motorsport défraient la chronique. La 3.0 CSL (ci-dessus) et la 2002 Turbo (page 174) investissent le cénacle des voitures de sport.

transfiguré. La 3.0 CSL est devenue une vraie bête de course. À la même époque, au Salon de Francfort, les couleurs Motorsport investissent la carrosserie d'une 2002 très spéciale. Visiblement, ce modèle sent le soufre, car, avant même le début de l'exposition, il déclenche une vague de protestations tant du côté des députés allemands que du côté de la presse. L'objet du courroux : BMW a osé exciter les automobilistes en inscrivant la mention "2002 Turbo" à l'envers sur le bas du spoiler avant. Certains considèrent comme une provocation cette inscription que le conducteur de la voiture qui précède lit à l'endroit dans le rétroviseur. La veille de l'ouverture du Salon, Paul Bracq s'immisce sur le stand avec un pot de peinture bleue et un pinceau pour effacer la signature vilipendée. Le message n'apparaîtra pas sur les modèles commercialisés dès le mois de janvier 1974. Une fois encore, Munich se place à l'avant-garde de l'industrie automobile. Certes, Chevrolet avait brûlé la politesse à tout le monde en lançant dès 1962 une Corvair Turbo, mais la 2002 est le premier véhicule européen à introduire la technologie du turbocompresseur. Chez BMW, il ne s'agit pour le moment que d'un essai permettant d'afficher l'image d'un constructeur s'appuyant sur des solutions techniques avancées, mais le turbocompresseur va faire son chemin en compétition dans de multiples disciplines avant d'investir les véhicules de série. De son expérience acquise dans l'aéronautique, BMW a aussi retenu que l'un des avantages du moteur turbo est de ne plus dépendre des caprices de la pression atmosphérique. Le manque d'oxygène des hautes altitudes asphyxie les mécaniques. Cette raison conduisit BMW à adapter, dès 1942, un moteur turbo sur l'un de ses moteurs d'avion, le fameux type 801, pour équiper l'appareil Junkers 88. D'une cylindrée de 41,8 litres, ce quatorze-cylindres en double étoile délivrait la puissance astronomique de 2 000 ch à 2 700 tr/min.

À la fin des années 1960, la technologie du turbocompresseur est dans l'air du temps. Elle permet d'obtenir de la puissance à bon compte et de transformer une paisible mécanique en bête de course. Testée en compétition, l'installation d'une turbine KKK sur le quatre-cylindres 2 litres d'une 2002 Ti fait des étincelles. La 2002 Ti K domine la concurrence aux essais, mais une fiabilité aléatoire l'empêche de concrétiser son potentiel en course. Les motoristes finissent par résoudre les problèmes ; les résultats suivent. La 2002 Ti Turbo de Dieter Quester remporte l'épreuve de Belgrade comptant pour le championnat d'Europe des voitures de tourisme. La voiture accroche encore les 6 Heures

de Brands Hatch puis la course de Nuremberg à son palmarès. Le pilote ingénieur Alex von Falkenhausen est aux premières loges du développement de la nouvelle technologie. Sa 2002 Ti personnelle carbure au turbo. Ce moteur propulse aussi l'étude d'une GT sportive dessinée par Paul Bracq et révélée au Salon de Paris de 1972. À l'orée de l'année 1973, la 2002 Turbo dont le développement a été assuré par l'ingénieur Bernhard Oswald est prête à être commercialisée. BMW a donné son feu vert à la production d'une petite série de mille unités.

LE PREMIER TURBO EUROPÉEN

À partir d'un classique quatre-cylindres de 2002 Tii dont le rapport volumétrique a été abaissé à 6,9 : 1, le turbocompresseur booste la puissance de 30 %. La puissance s'établit ainsi à 170 ch au lieu de 130 ch dans la version atmosphérique. Le couple délivre 24,5 m.kg à 4 600 tr/min. Lors du premier essai de la 2002 Turbo dans le magazine *Sport auto*, le pilote journaliste José Rosinski compare son caractère à celui de Dr Jekyll et Mister Hyde. La suralimentation n'entre en action qu'à 3 500 tours et les chevaux ne viennent se presser qu'à partir de 4 500 tr/min jusqu'au régime maximal de 6 400 tr/min. La 2002 Turbo est capable d'atteindre 210 km/h en vitesse de pointe et de couvrir le 1 000 mètres départ arrêté en 28,1 secondes. Le journaliste concluait l'essai de ce coupé, reconnaissable à ses renflements d'ailes en polyester, à son grand bouclier et à son becquet sur le couvercle de malle, en mettant en garde contre son adhérence précaire sous la pluie et sa consommation importante de carburant, qui a nécessité le montage d'un gros réservoir de 70 litres. Malgré une conjoncture peu favorable aux voitures sportives, marquée par l'entretien d'un mouvement autophobe en Europe et du renforcement des limitations de vitesse, BMW revoit à la hausse la production de la 2002 Turbo. Resté seulement un an au catalogue (elle disparaît en janvier 1975), le coupé du scandale aura finalement été fabriqué à 1 672 exemplaires. À Munich, l'intérêt manifeste suscité par cette berline sportive n'est pas resté lettre morte. Lorsque la crise sera résorbée, c'est une certitude, les automobilistes seront de nouveau avides d'acheter des voitures de sport. Le constructeur anticipe le retour de la croissance en poursuivant ses investissements. Le département Motorsport fourmille de projets. Neerpasch attache un grand intérêt à l'un d'entre eux. Soucieux d'associer BMW au mouvement de relance des courses d'endurance, il envisage désormais d'assurer entièrement la conception et le développement d'une voiture de course dont sera extrapolée une voiture de route produite à au moins quatre cents exemplaires en vue d'obtenir l'homologation en Groupe 5.

Les premiers prototypes de ce bolide roulent dès le mois de mai 1977 et la presse en publie les premières photos alors que les vacanciers investissent les plages.
En attendant le grand jour, la berline bavaroise gagne ses galons de sportive. Les ingénieurs M assurent la mise au point d'une Série 5 affichant des performances similaires à la crème des coupés sportifs : la 533i. Après la 530i US élaborée pour les besoins de la compétition, c'est le deuxième modèle de la Série 5 revisité par les sorciers de la division M. Dévoilée dans le courant de l'année 1976, la 533i cache sous l'apparence d'une classique Série 5 le caractère d'un véhicule susceptible de séduire les conducteurs sportifs les plus exigeants. À partir d'une 525, l'équipe de Neerpasch a installé le six-cylindres en ligne 3 205 cm³ de la grosse berline 3,3 Li. Alimenté par une injection, il affiche une puissance de 200 ch. D'autres équipements et diverses modifications accompagnent ce cocktail explosif : allongement du rapport de pont, différentiel autobloquant, quatre freins à disques ventilés, jantes en alliage léger équipées de pneumatiques Michelin 195 VR70/14, amortisseurs Bilstein à gaz. Avec sa brillante mécanique, cette berline positionnée un cran au-dessus de la 528 distille un plaisir comparable à celui que l'on éprouve au volant d'une voiture de sport sans avoir à en subir les traditionnels inconvénients. La presse salue la pertinence du travail accompli, témoignant de la solide expérience acquise en compétition. La diffusion de la 533i demeure confidentielle, la faute à un tarif loin d'être à la portée de toutes les bourses. Facturée 96 000 francs, elle s'affiche 20 000 francs plus cher que la berline 3.0 Si. Entre la gestion de ses différents programmes de compétition (tourisme et F2) et de ses activités complémentaires, sans oublier le développement de sa nouvelle arme, la division M ne chôme pas. Ce véhicule que tout le monde attend au Salon de Genève de 1978 crève l'écran quelques jours plus tard.

⊕ LA M1, UNE FILLE DE L'ETUDE TURBO

Mais le rideau n'a été qu'à moitié levé et BMW n'a montré que la version Groupe 4. Comme un défi, BMW n'a pas dit un mot sur la version de route, dont l'existence n'est justifiée que par l'engagement en compétition. Il faut patienter jusqu'au Salon de Paris pour découvrir la déclinaison civile qui partage l'affiche avec une étude de Renault 5 Turbo. Entouré des luxueuses berlines de la firme bavaroise, ce superbe coupé à moteur central arrière laisse sans voix les visiteurs. Longue de 4 360 mm, large de 1 825 mm et haute de 1 140 mm, la M1, première œuvre intégrale de la société Motorsport GmbH, se positionne d'emblée au sommet de la hiérarchie des pur-sang. Le style porte à nouveau l'empreinte d'un designer italien. Sollicité déjà à plusieurs reprises pour différents projets entre la fin des années 1960 et le début des années 1970, Giorgetto Giugiaro a signé un véhicule qui évoque l'étude Turbo dessinée par Paul Bracq en 1972. Les formes originelles sont plus tendues, mais les volumes sont préservés. Sa conception, résolument moderne et largement inspirée par l'univers de la compétition, a été confiée à Lamborghini. Selon les termes de l'accord, la production est également déléguée à la firme de Sant'Agata. Les usines BMW, qui tournent à plein régime, ne sont pas organisées pour accueillir des petites séries.

UNE GT POUR JOUER LES PREMIERS RÔLES

La M1 repose sur une structure multitubulaire sur laquelle est collée et rivetée la carrosserie en fibre de verre. Chaque élément de ce coupé deux places a été sélectionné et optimisé au profit de la performance sportive. Pour les trains roulants, les ingénieurs ont retenu un principe qui a déjà fait ses preuves sur les voitures de course : triangles superposés à l'avant et à l'arrière de manière à minimiser les variations de carrossage et à optimiser le rendement des larges pneus Pirelli P7 à taille basse. Seules concessions au confort par rapport au modèle de compétition : les combinés ressorts-amortisseurs sont assouplis et les triangles sont montés sur cylindre.

⊕ UN SIX EN LIGNE ENVOÛTANT

Chaque essieu est équipé d'une barre antiroulis. Certains détails témoignent du degré de perfection de la M1. Le voile plat des jantes a été retenu non pour des raisons de style, mais pour des motifs aérodynamiques. Les quatre freins sont à disques autoventilés et assistés. La pièce de choix de la M1 reste son moteur dérivé du six-cylindres en ligne type M49 du coupé 30 CSL de course. Codifié M88, le nouveau 3,5 litres utilise le même bloc en fonte de dimension supercarrée et reste fidèle au vilebrequin forgé à sept paliers et aux bielles en acier forgé. La culasse en alliage léger est coiffée par deux arbres en tête commandés par chaîne et reçoit une distribution à quatre soupapes par cylindre expérimentée sur les moteurs de F2 M12/6. Un magnifique collecteur d'échappement "spaghetti" extrait les gaz brûlés, selon une configuration "6 dans 2 dans 1" issue de la F2. Les chambres de combustion sont hémisphériques. Une injection mécanique Bosch Kugelfischer complète le tableau. L'allumage est en revanche entièrement électronique. Pour abaisser le centre de gravité de la M1, les ingénieurs ont installé un système de lubrification à carter sec avec réservoir d'huile de 8 litres séparé. À l'arrière du moteur et dans son alignement prend place une boîte-pont ZF à cinq rapports commandée par un embrayage double disque sec. De 470 ch dans sa version Groupe 4, la puissance de la M1 de série descend à 277 ch à 6 500 tr/min. Le couple maximal s'établit à 33,5 m.kg à 5 000 tr/min. Cette mécanique de course propulse la première BMW à moteur central arrière à 262 km/h et lui permet d'abattre le 1 000 mètres départ arrêté en 25,9 secondes.

⊕ LA PLUS CHÈRE DU MARCHÉ

Dérivée du modèle de compétition et non l'inverse, la M1 de série se distingue par quelques adaptations nécessaires à son utilisation routière. À la différence du dépouillement d'une voiture de course, on trouve une ambiance grand tourisme favorisant le confort. Le profond baquet marie cuir et tissu. Résultant d'un volant réglable en hauteur, d'un pédalier et d'un levier de vitesses judicieusement implantés, la position de conduite est quasi idéale. Malgré le sérieux de la réalisation et le niveau élevé des performances, la carrière commerciale de la berlinette BMW se révèle un échec. La M1 était-elle née sous une mauvaise étoile ? Trop de contretemps dans le programme M1 ont entamé la confiance d'une clientèle aussi exigeante que capricieuse et chamboulé le calendrier initial. Avant même que la production des premiers exemplaires ne démarre, les ennuis financiers de Lamborghini obligent BMW à trouver une solution de repli au début de l'année 1978. Finalement, Neerpasch met en place un Meccano compliqué. Les carrosseries en provenance de chez Ital Design et les châssis fabriqués par Marchesi à Bologne sont assemblés avec la mécanique venue de Munich par Baur à Stuttgart. Le périple des M1 n'est pas terminé. Une dernière étape les envoie au siège de Motorsport à Munich où sont assurées les dernières mises au point avant la livraison. Au final, seulement quatre cent quarante-six unités ont été produites jusqu'à l'arrêt du programme en 1981. L'incertitude des délais de livraison n'a pas été le seul frein à la carrière de la M1. Certains ont mis en avant la trop grande sobriété des lignes, l'austérité de l'intérieur, qui confine à la tristesse, et surtout son tarif exorbitant. À près de 31 millions de centimes, la M1 est la plus onéreuse de toutes les *supercars* en 1979 ! Pas à la hauteur des attentes, les résultats sportifs en demi-teinte n'ont pas encouragé les clients à succomber. Le temps s'est chargé de réhabiliter cette pièce majeure de l'évolution de BMW et l'une des plus belles réalisations du designer Giorgetto Giugiaro. La M1 est devenue un véhicule prisé sur le marché des voitures de collection.

Dévoilée pour la première fois au public lors du salon de Paris 1978, la M1 s'inspire largement de l'étude Turbo de Paul Bracq réalisée en 1972. Elle est l'œuvre du designer italien Giorgetto Giugiaro. Guère démonstratives, les formes de cette berlinette à moteur central arrière servent d'écrin à une structure multitubulaire sur laquelle est collée et rivetée la carrosserie en fibre de verre. De nombreux contretemps ont affecté la carrière de la M1. Seulement quatre cent quarante-six exemplaires ont été produits.

UNE LIGNÉE DE BERLINES SPORTIVES

L'aventure douloureuse de la M1 a certainement coûté sa place au visionnaire Jochen Neerpasch. À la suite de son départ au début de l'année 1980, l'antenne Motorsport vit une période trouble. Avant de quitter Munich, il a eu le temps d'engager la genèse d'une nouvelle variante sportive de la Série 5 (E12) avant son remplacement par une nouvelle génération. Reconnaissable à ses boucliers spécifiques, son becquet de coffre et ses jupes latérales, la M 535i reçoit le 3,5 litres 218 ch du coupé 635 CSi. Au-delà des mille six cent cinquante unités produites en un an, ce modèle montre la voie à suivre pour les futures M. Une orientation qui n'est pas du goût de tout le monde, notamment d'une partie de la direction technique, contaminée par les discours écologiques qui prospèrent en Allemagne. Le professeur von Kuenheim décide de se séparer de son directeur technique, jugé trop conservateur, et de reprendre directement les choses en main. Il ne tarde pas à forcer les portes du rêve. "Nous allons redonner à BMW son image de marque sportive et d'avant-garde par le lancement de six modèles vraiment performants", prévient-il.

⊕ LE MOTEUR DE LA M1 DANS LA SÉRIE 6

L'arrivée imminente de Mercedes-Benz, son rival de toujours, sur le créneau en pleine expansion des berlines à tempérament sportif constitue une menace à son désir de régner. BMW ne peut pas rester sans réagir. Dans le courant de l'année 1984, Munich frappe fort. La première manifestation de la nouvelle stratégie prend la forme d'une Série 6 endiablée : la M 635 CSi.

Si la carrière de la M1 est écourtée, le six-cylindres en ligne 3,5 litres connaît d'autres applications. La première est le coupé M 635 CSi dont la puissance est portée à 286 ch.

Pour augmenter les performances de la 635 CSi de 218 ch, deux alternatives s'offrent aux ingénieurs : adapter le six en ligne à vingt-quatre soupapes ou recourir au bloc turbocompressé installé dans la 745i. Faute de place pour loger ce dernier avec tous ses accessoires sous le capot du coupé, les ingénieurs optent pour la première solution. Mais, là encore, Paul Rosche ne se contente pas de reprendre la mécanique de la M1. Le 3,5 litres vingt-quatre soupapes est largement remanié. Les cylindres sont inclinés à 30° sur la droite pour prendre place dans le compartiment moteur avec l'adjonction d'un carter humide en dessous du vilebrequin. Grâce à une augmentation du rapport volumétrique à 10,5 : 1, à l'allongement des bielles, au remaniement des tubulures d'admission et d'échappement et au passage au système électronique Bosch L-Jetronic avec centrale de commande digitale de type Motronic de deuxième génération, le 3,5 litres fournit à présent une puissance de 286 ch à 6 500 tr/min et un couple de 340 N.m à 4 500 tr/min.

⊕ UN DYNAMISME TOUT AZIMUT

La nouvelle M joue la sobriété et peu de détails permettent de la distinguer d'une classique 635 CSi. À part les deux insignes M, aussi discrets que facultatifs, qui peuvent agrémenter la calandre et le couvercle du coffre, l'assiette est abaissée de 10 mm et le bouclier aérodynamique avant est plus généreux. Les grosses roues chaussées de pneumatiques Michelin TRX à profil bas, des 220/55 VR390, complètent la panoplie du premier coupé 2 +2 portant le sigle M. En option, le client peut encore obtenir des roues plus larges, des jantes démontables BBS, dont les cinq goujons de fixation sont dissimulés sous un disque retenu par un gros écrou central. L'aménagement intérieur reprend le schéma de sa sœur et ne propose rien de plus que les options accessibles à n'importe quel acheteur d'un autre coupé BMW. Les plus importantes sont comprises dans le prix. Mais pas toutes : la climatisation, la finition cuir et d'autres raffinements se paient en plus. La presse unanime encense la souplesse et la symphonie de la mécanique "double arbre". La M 635 CSi n'est pas la GT la plus puissante de sa génération, mais certainement la plus efficace et la plus polyvalente. Piqués au vif par la Porsche 928 S et la Mercedes-Benz 500 SEC, les hommes de Motorsport ont exploité toute l'expérience acquise lors de la mise au point du modèle de Groupe A pour parfaire l'équilibre de la M 635 CSi. En l'espace de cinq ans, le coupé séduit 5 855 automobilistes. La promesse du président von Kuenheim continue de prendre forme. À la même période, une nouvelle M 535i (E28), dotée du six-cylindres en ligne de 3 430 cm³

Au début des années 1980, BMW lance le principe d'une véritable gamme M. À côté de la M 635 CSi, la famille compte la M 535i équipée du six en ligne 218 ch du coupé 635 CSi. Une M5 arrivera bientôt avec le moteur 286 ch.

(218 ch à 5 400 tr/min), se charge d'imposer sa loi sur son terrain privilégié de la berline sportive, où Audi et Mercedes ont l'outrecuidance de venir chasser. La démonstration de force est appelée à se poursuivre. Au début de l'année 1985, les couvre-culasses gravés des lettres magiques "M Power" investissent le capot d'une Série 5 au superlatif: la M5. Sous une apparence discrète, ce véhicule, exposé au Salon d'Amsterdam, devient l'une des berlines les plus rapides du monde. Le six-cylindres de 286 ch propulse cette familiale à 245 km/h. La boîte manuelle à cinq rapports et le système de freinage renforcés, le différentiel autobloquant, le châssis sport surbaissé et la monte pneumatique spécifique soutiennent un nouveau concept de berline hautes performances qui va faire école auprès de la concurrence. Mais, à cette époque, le cœur des amateurs de voitures sportives bat pour une autre M.

LE M INVESTIT LA SÉRIE 3

Après la M1, la M6 et la M5, que peut bien manigancer l'antenne Motorsport? Le suspense est levé au Salon de Francfort de 1985 avec la révélation de la M3, une version musclée de la populaire Série 3. En pleine hystérie écologique, sur fond de menace d'instauration d'une limitation de vitesse sur les autoroutes allemandes, le duel BMW-Mercedes-Benz franchit une nouvelle étape. Munich riposte à Stuttgart, qui a rajeuni son image en l'espace de quelques années grâce au lancement de modèles ultramodernes et sportifs, dont la fameuse 190 E 2.3 16. Pendant ce temps, BMW a laissé ternir la sienne en cherchant à troquer son cachet sportif contre un label de respectabilité qu'elle enviait à la firme à l'étoile. À Munich, il était temps de remettre les pendules à l'heure. La genèse de la révolutionnaire M3 remonte à 1981. Paul Rosche projette alors d'installer le quatre-cylindres qui gagne en F2 sous le capot d'une Série 3 (E21). Dans le plus grand secret, il crée une équipe autour des motoristes Öfner, Dippelhofer et Kaschner. Le passage à la génération E30 accélère le projet. Sous la direction de Thomas Ammerschläger, des prototypes de développement, qui poussent le vice jusqu'à être déguisés en Mercedes et à être immatriculés à Stuttgart, alignent les kilomètres. L'enjeu est de taille puisque la nouvelle bombe de Munich annonce le retour de BMW dans les courses de tourisme où l'homologation en Groupe A exige une production minimale de cinq mille exemplaires. Avec cette voiture, le département M déroge pour la première fois à la culture exclusive du six-cylindres. Le potentiel d'évolution du moteur de la version Groupe A est plus élevé dans le cas d'un quatre-

cylindres. Combiné à un turbocompresseur, ce bloc aurait été l'arme idéale, mais, dans un contexte d'abandon de la F1, les hommes du marketing avaient, pour d'évidentes questions de communication, encouragé le maintien de l'atmosphérique. Dans la version de série (S14), le quatre-cylindres reprend la combinaison idéale de Paul Rosche avec l'alésage et la course du moteur de la M1 optimisant le développement de la puissance à haut régime. Ce moteur coiffé d'une culasse à seize soupapes et d'une cylindrée de 2 302 cm^3, développe 200 ch à 6 750 tr/min, 5 ch de moins pour les modèles allemands équipés du catalyseur. Développé en parallèle, le moteur de course porté à 2,5 litres fournit d'emblée 300 ch. Dérivée du quatre-cylindres en fonte de la berline 1500, la mécanique est associée à une boîte cinq rapports sport avec la première décalée en bas à gauche. La vocation sportive de la M3 saute immédiatement aux yeux. Les ailes sont boursouflées, les pare-chocs retravaillés, le capot de malle accueille un aileron et les flancs se parent de jupes. L'habitacle bien équipé est nanti de sièges sport à l'avant et d'une banquette à deux places à l'arrière. Les performances donnent des frissons dans le dos. La BMW M3 revendique une vitesse de pointe de 235 km/h, un 0 à 100 km/h en 6,7 secondes et un 1 000 mètres départ arrêté en 28,32 secondes.

À part la Mercedes 190 E 2,3 16, à l'époque, ce niveau de prestations est réservé à quelques authentiques voitures de sport. BMW a réussi un coup de maître. Non contente de truster les victoires sur tous les circuits européens, la M3 lui permet de renouer avec le prestige de son image sportive. Les déclinaisons se succèdent au gré des besoins de la compétition. La M3 devient le best-seller du département Motorsport, désormais implanté dans de vastes installations à Garching, dans la banlieue de Munich. La production de la première génération de la M3 atteint 17 970 unités en intégrant la version Evolution de 1988 (220 ch) et la Sport Evolution de 1990 produite à six cents exemplaires. Sans conteste le modèle le plus désirable de la première génération, cette version recourt à une recette éprouvée : une cure d'allégement de près de 25 kg, une augmentation de la puissance à 238 ch à 7 000 tr/min résultant du passage au 2,5 litres (S14 B25), un package aérodynamique spécifique et un châssis optimisé. Réalisé à 765 unités, le cabriolet séduit pour sa part une nouvelle clientèle.

M3, LA RÉFÉRENCE DU GRAND TOURISME SPORTIF

Avec la deuxième génération, présentée au Salon de Paris 1990, la M3 acquiert définitivement ses lettres de noblesse. Le concept est parvenu à maturité. L'adoption d'un six-cylindres en ligne 3 litres propulse le nouveau coupé dans la catégorie du grand tourisme. La nouvelle M3 s'adresse désormais à une clientèle désireuse d'exaucer ses rêves de GT. Sa puissance de 286 ch égale celle de la M 635 CSi de 1984 ! La M3 soutient la comparaison en termes de performances avec la Porsche 911 tout en offrant la polyvalence et le confort d'une vraie quatre places. La clientèle salue l'exploit. Dénuée de véritable concurrente, la plus sportive des Série 3 fait un tabac. BMW renforce son pouvoir d'attraction en ajoutant une berline et un cabriolet. À l'été 1996, elle adopte un nouveau moteur porté à 3,2 litres. Il bénéficie d'améliorations techniques importantes, notamment le système Vanos de calage variable des deux arbres à cames, l'allumage statique à six bobines individuelles et la gestion moteur numérique évoluée avec régulation sélective du cliquetis. Comme tous les moteurs M, il se signale par son aptitude à tourner à hauts régimes. Le six-cylindres délivre 321 ch à 7 400 tr/min. Le rendement progresse considérablement, atteignant désormais 100 ch/litre. Avec la M3, BMW est le premier constructeur à oser commercialiser une boîte

robotisée baptisée "Sequential M Gearbox" (SMG). Équipée de cette option, la M3 est dépourvue de pédale d'embrayage et les six rapports s'enclenchent par l'intermédiaire de vérins hydrauliques pilotés électroniquement, comme en Formule 1. Selon la position du levier, le conducteur a le choix entre le mode entièrement automatique ou le changement manuel des vitesses. Dans ce cas, il suffit de tirer le levier vers l'arrière pour passer à un rapport supérieur ou de le pousser vers l'avant pour rétrograder d'une vitesse. Motorsport a poussé l'exercice jusqu'à réserver un traitement différent à chacune des trois carrosseries.

⊕ TROIS SILHOUETTES DE CARROSSERIE

Le coupé se distingue par des sièges d'apparence plus sportive avec appuie-tête intégrés ; la berline s'offre une décoration intérieure en bois. Quant au cabriolet, il est livré de série avec un hard-top et une sellerie en cuir. À l'arrivée, le choix reste une question de goût et d'appétence. En France, le coupé et la berline sont facturés le même prix. En toute logique, le coupé conserve un petit avantage dans le domaine des performances. Le cabriolet est plus lourd d'une centaine de kilos (1 560 kg). C'est sans incidence sur la vitesse maximale, limitée électroniquement à 250 km/h en vertu d'un accord tacite entre les trois acteurs allemands du haut de gamme. Bien qu'elle n'ait pas été conçue initialement pour les besoins de la compétition, à part un engagement dans le confidentiel championnat ADAC GT Cup, la première M3 six cylindres déroge à sa vocation grand tourisme. Durant l'été 1995, BMW M GmbH introduit une série de trois cent cinquante M3 GT Coupé conformes aux règlements IMSA GT et FIA GT. Reconnaissable à sa couleur British Racing Green, cette version spéciale accueille un six-cylindres 3 litres remanié. De nouveaux arbres à cames, des trompettes d'admission plus courtes et un nouveau boîtier électronique permettent de porter la puissance à 295 ch. L'aérodynamique bénéficie d'un soin particulier : le spoiler avant s'offre une lame vissée et réglable sur deux positions ; l'aileron arrière à deux lames est semblable à celui de la 318is engagée en Groupe 2. Contre un chèque de 362 900 francs, les clients ont le droit à un équipement généreux incluant des sièges drapés d'un cuir Nappa vert et de placages en carbone.

Progressivement, BMW Motorsport a construit un nouveau modèle économique. La famille M est de moins en moins dépendante d'une homologation sportive, même si plusieurs exemples témoignent de l'aptitude des versions M à constituer d'excellentes bases de développement de voitures de course. La production M prend une orientation essentiellement grand tourisme. Il s'agit désormais de concevoir et de réaliser les modèles les plus performants d'une gamme de plus en plus diversifiée. Dans sa quête de perfection et de progrès, BMW Motorsport n'a cessé de faire évoluer les caractéristiques de ses modèles depuis la M1 de 1979. Héritage des années 1980, chaque nouvelle génération de la Série 3 et de la Série 5 donne nécessairement naissance à une déclinaison M. De plus en plus étendue, la gamme M s'articule autour de ces deux piliers que sont la M3 et la M5. Chacune dans son registre impose ses références.

Avec l'arrivée du six-cylindres, la M3 se décline en trois variantes de carrosserie et inaugure pour le millésime 1997 la boîte robotisée SMG.

⊕ LA TROISIÈME M3 EST RÉVÉLÉE AU SALON DE PARIS D'OCTOBRE 2000

On annonçait un V8, mais c'est un "six en ligne" qui occupe le capot. Malgré les apparences, malgré son architecture classique, la M3 (E46) est entièrement nouvelle. Grappillant 45 cm^3, le bloc 3,2 litres fournit 343 ch. Toujours une référence, il complète le podium des meilleurs moteurs du moment avec ses 106 ch/litre. Une mécanique si aboutie que BMW a pris ses précautions et installé le compte-tours de la M5 se signalant par ses diodes orange qui s'éteignent tous les cinq cents tours au-dessus de 4 000 tr/min, au fur et à mesure de la montée en température du moteur. À une M3 discrète et bourgeoise succède une voiture démonstrative et sportive. La ligne gagne en agressivité avec son capot à bosses, ses grosses roues, jusqu'à 19 pouces en option, ses deux doubles sorties d'échappement et ses passages de roue renflés. La nouvelle M3 se convertit au contrôle de freinage en courbe et à l'antidérapage ESP, rebaptisé DSCIII et déconnectable, comme l'antipatinage. À bord, en revanche, rien de neuf. L'ambiance est celle d'un

coupé Série 3 avec l'option sièges sport. L'équipement est généreux et le confort encore amélioré. Conséquence : la M3 grossit d'une centaine de kilos. Une orientation qui n'est pas du goût de tout le monde et qui conduit BMW à concocter une super-M3 renouant avec les illustres initiales CSL. Tout un programme. La réduction maximale du rapport poids-puissance a guidé la conception de cette super-M3 qui tire un profit maximal des enseignements de la compétition. À la hausse vertigineuse de la puissance, qui ne progresse ici que de 17 ch et passe ainsi à 360 ch, le département Motorsport a préféré la traque aux kilos superflus. La CSL s'offre une carapace en matériau léger et noble à haute résistance : toit en fibre de carbone, capot moteur en aluminium, coffre à becquet intégré en composite, plancher en nid-d'abeilles, pare-chocs en thermoplastique renforcé de fibres, glaces de custode et lunette arrière en verre ultramince.

Avec un gain de 110 kg, la CSL descend à 1 385 kg, soit un rapport poids-puissance de 3,85 kg/ch. Le rendement du 3,2 litres s'offre un nouveau record à 111 ch/litre. L'efficacité routière s'appuie sur des liaisons au sol revues et corrigées, un système de freinage redimensionné, de pneumatiques Michelin Pilot Sport Cup de 19 pouces et un centre de gravité abaissé. Symphonie du six en ligne, équipement de série spartiate faisant l'impasse sur la radio et la climatisation, homogénéité du châssis, la M3 CSL symbolise le plaisir de conduite cher à BMW. Comment poursuivre un succès basé aussi sur une question d'image ? Il faut créer l'événement. C'est ainsi que la quatrième génération de la M3 abandonne le six en ligne au profit d'un huit-cylindres en V, une mini-révolution trahie par le capot bombé en aluminium.

Étroitement dérivé du V10 5 litres de la M5, ce V8 de 4 litres de cylindrée développe 420 ch à 8 300 tr/min sans recourir à la suralimentation. La course à la sophistication ne connaît plus de limites : la réponse de l'accélérateur, la fermeté de l'amortissement, le degré d'intervention du contrôle de stabilité DSC et l'assistance de la direction sont paramétrables depuis le sélecteur i-drive. La configuration préférée du conducteur est mémorisable et directement accessible à partir de la touche M implantée sur le volant, comme dans la M5. La M3 ne déroge pas à la tradition de la conception allégée chère à BMW, héritant de nouveaux trains roulants en aluminium et, pour la première fois sur une voiture de série, d'un toit en carbone (CFRP). À l'arrivée, la M3 pèse tout de même 85 kg de plus que sa devancière. Cela ne l'empêche pas de se rapprocher de la Porsche 911 S sur le plan des performances. Le 0 à 100 km/h est avalé en 4,6 secondes avec la boîte séquentielle. Durant la première année de commercialisation de la M3, une nouvelle transmission à double embrayage à sept rapports apparaît au catalogue. Particulièrement évoluée, cette boîte Drivelogic comporte onze programmes de conduite à gestion électronique M, cinq programmes en mode automatisé, six en mode manuel, y compris le départ automatisé type F1.

La course à la puissance conduit la M3 de 2007 à se convertir au V8 atmosphérique. D'une cylindrée de 4 litres, ce bloc de 420 ch préserve les attributs M, à savoir une aisance à tutoyer les hauts régimes. Cette génération s'accompagne d'une plus grande sophistication. L'emprise de l'électronique permet au conducteur de mémoriser sa configuration préférée dans le système iDrive.

Dès ses premières années d'existence, la M3 donne naissance à une véritable famille de modèles. Bien que des prototypes aient été développés, la carrosserie Touring ne sera jamais commercialisée. L'homogénéité de la M3 CSL de 2003 a marqué les esprits des amateurs de modèles sportifs avec sa carrosserie allégée et son moteur vitaminé.

LA M3 V8 N'ÉCHAPPE PAS À LA TRADITION DE LA SÉRIE SPÉCIALE

Les versions RS de Porsche ont visiblement inspiré BMW, qui a concocté une version clubsport destinée en priorité aux amateurs de virées en circuit. La GTS, c'est son nom, n'est éditée qu'à cent trente unités numérotées. Avec ses grosses jantes noir mat de 19 pouces, sa garde au sol abaissée de 16 mm à l'avant, 12 mm à l'arrière, et son aileron réglable surplombant la malle arrière, la M3 GTS ravive le souvenir des exubérantes CSL des années 1970. Élaborée pour chasser le chrono sur l'asphalte lisse des circuits, la GTS vise l'efficacité absolue. Une cure d'allégement permet de gagner 75 kg avec la suppression de la climatisation, de l'autoradio, de la banquette arrière, remplacée par un arceau de sécurité soudé, mais également des vitres arrière et de la custode, passées au polycarbonate, ou des sièges électriques, troqués contre des baquets Recaro. La puissance grimpe à 450 ch par une augmentation de 362 cm^3 de la cylindrée. Au-delà des performances de haut vol, le 0 à 100 km/h expédié en 4,4 secondes, les sensations proches d'une voiture de course rangent la GTS dans la catégorie des pur-sang. Ceux qui n'avaient pas pu décrocher un bon de commande purent se consoler quelques mois plus tard avec la M3 CRT, une berline éditée à seulement soixante-sept unités et se distinguant par de nombreux éléments en fibre de carbone développés selon le processus de production.

Sur le même modèle que la CSL, la M3 V8 a le droit à un dérivé exclusif. La M3 GTS est conçue dans l'optique d'offrir une efficacité maximale en circuit. Produite à seulement cent trente unités numérotées, la GTS se distingue par son aileron arrière réglable, sa garde au sol abaissée et ses jantes noir mat de 19 pouces. Elle bénéficie d'un allègement de 75 kg et d'une augmentation de 30 ch.

M5, LE PUR-SANG DES FAMILLES

Produite de manière confidentielle à un peu plus de deux mille unités en l'espace de trois saisons, la M5 E28 cède, en 1988, sa place à une nouvelle génération encore plus performante.
Le six-cylindres vingt-quatre soupapes porté à 3,6 litres passe de 286 ch à 315 ch. Quatre ans plus tard, le six-cylindres double arbre délivre 340 ch à 6 900 tr/min grâce à l'augmentation de la cylindrée à 3 795 cm^3.
Le couple atteint désormais 400 N.m au lieu de 360 N.m précédemment. Le progrès se niche aussi dans l'apparition de l'amortissement piloté EDC, améliorant un châssis comprenant déjà un correcteur d'assiette sur l'essieu arrière et un autobloquant. Une nouvelle étape est franchie en 1998. La troisième génération succombe au V8 atmosphérique à trente-deux soupapes de 4 931 cm^3. Boucliers redessinés, roues M en alliage léger de 18 pouces, jupes latérales, deux double tuyères d'échappement : la M5 perd sa légendaire discrétion. Pour cause : avec ses 400 ch transmis aux roues arrière *via* une boîte mécanique à six rapports, cette berline fait de l'ombre à l'élite des coupés de grand tourisme.
La vitesse est toujours bridée électroniquement à 250 km/h, mais le 0 à 100 km/h ne requiert plus que 5,3 secondes. La sonorité du V8 longue course laisse des souvenirs indélébiles. Après pareille merveille, que peuvent bien concevoir les M Boys ? La réponse se niche dans les caractéristiques de la quatrième génération révélée en 2004. La M5 E60 cède aux sirènes d'un V10 atmosphérique issu de la Formule 1.

LES GRANDES ORGUES

"Rien n'est impossible", prévient Ernst Bruhne, l'ex-ingénieur de Mercedes-AMG devenu patron de l'entité Motorsport, lors de la présentation de la quatrième génération de la M5. En effet, les progrès de l'électronique ont rendu réalisable cette sulfureuse association. Carte de visite du savoir-faire technologique de BMW, la nouvelle berline est douée d'une extrême sophistication. Le V10 de 5 litres dispose d'un système de puissance modulable. En mode confort pour évoluer en ville ou sur chaussée détrempée, il n'affiche que 400 ch. Un bouton sur la touche M situé sur le volant et le voici prêt à libérer une puissance de 507 ch à 7 750 tr/min. Le V10 est accouplé à une nouvelle transmission séquentielle M Drivelogic à sept rapports proposant onze modes de passage, du total automatisme jusqu'au mode manuel permettant des départs de type F1. Malgré son poids

Au début des années 1990, BMW aspire à toucher une nouvelle clientèle à la recherche d'une plus grande polyvalence d'usage avec la M5 Touring.

élevé de 1 800 kg relevant d'un équipement complet et d'une finition luxueuse, la M5 abat le 0 à 100 km/h en 4,7 secondes et atteint 200 km/h en 15 secondes. L'efficacité de la transmission des 507 ch aux roues arrière est assurée par des liaisons au sol optimisées par l'apport d'un différentiel autobloquant variable, d'un contrôle électronique de la stabilité (DSC) recalibré et d'un amortissement électronique (EDC) agissant sur trois modes. L'innovation sert le confort de conduite. La M5 étrenne l'éclairage directionnel adaptatif et l'affichage tête haute. En près de six ans de production, la M5 déclinée en berline et en break séduit vingt mille cinq cents fanatiques. Le flamboyant V10 investit aussi le capot de la Série 6.

⊕ LE RETOUR DU GRAND COUPÉ M

C'est le retour du grand coupé M abandonné depuis l'arrêt de la M 635 CSi. L'expérience de la M3 CSL profite à la M6 qui reçoit un toit en fibre de carbone. Un projet de M8 développé à partir de la 850i avait pourtant été proche d'aboutir, mais il avait été sacrifié sur l'autel de la crise du début des années 1990. Avant l'été 1991, Wolfgang Reitzle, directeur du département Recherche et Développement de BMW, annonçait que le beau coupé rouge construit à la main et en un seul exemplaire resterait un prototype. "Cela ne nous intéresse tout simplement plus d'apposer notre marque sur ce genre de voiture. Nos objectifs désormais visent des directions bien différentes. N'avons-nous pas assez dit que 300 ch étaient en gros la limite raisonnable de nos futurs moteurs ? Nos ingénieurs doivent néanmoins explorer les vraies limites d'une mécanique, ne serait-ce que pour peaufiner les performances et la fiabilité de nos productions", conclut-il. C'est avec regret que Karl-Heinz Kalbfell, directeur général de la filiale Motorsport à cette période, renonce à la super-Série 8 dont le V12 de 550 ch et la carrosserie bodybuildée avaient déjà incité quelques clients à rédiger des chèques en blanc. Quinze ans plus tard, le discours de Reitzle est tombé aux oubliettes.

Au fil des évolutions, la M5 est passée du six-cylindres au V8 puis au V10. Ce dernier marque aussi le retour en fanfare de la M6, coupé et cabriolet.

LA DIVERSIFICATION

L'accroissement du portefeuille de produits BMW ouvre de nouveaux horizons aux hommes de Motorsport. Pourquoi ne pas installer un moteur M Power dans un véhicule plaisir ? Cette association devient réalité au Salon de Genève de 1996 où les visiteurs découvrent avec stupéfaction que le six-cylindres 321 ch de la M3 s'est invité sous le capot d'un roadster Z3. Bernd Pischetsrieder, président du Directoire de BMW AG, parle alors d'une expérience explosive, lorsqu'il évoque la conduite de ce véhicule au caractère bien trempé. Un coupé Z3 M double la mise un an plus tard. La presse ne cache pas son admiration pour les ingénieurs qui sont parvenus à faire tenir sur la route ces monstres. Les ailes gonflées et les roues de 17 pouces trahissent toutefois un gros travail sur les suspensions, les éléments arrière étant empruntés à la BMW Série 3 sévissant dans le championnat de tourisme allemand. Les Z3 terminent leur carrière en 2001 avec le six-cylindres cubant 45 cm^3 de

Le M de Motorsport se prête décidément à toutes les fantaisies. Au milieu des années 1990, l'image du constructeur à l'hélice est au zénith. Le moment est venu de décliner le concept M à de nouveaux modèles. C'est ainsi que naît un roadster Z3 M doté du six-cylindres 321 ch de la M3. La gamme s'enrichit en 1997 d'une déclinaison coupé. En 2009, c'est au tour des SUV X5 et X6 de bénéficier d'une exécution M, principalement pour les marchés américains et chinois. Le V8 biturbo à injection directe affiche 550 ch (en haut).

plus (325 ch). Malgré une production restée confidentielle, ces modèles participent à maintenir l'attrait du véhicule tout au long de son cycle de vie. C'est ainsi que le passage au Z4 entraîne la déclinaison d'une version M en 2006. On retrouve ainsi le six-cylindres de 343 ch. En 2008, BMW Motorsport GmbH célèbre ses trente ans de production en passant le cap des trois cent mille véhicules vendus. Cette année-là, la filiale sportive enregistre le deuxième meilleur score de l'histoire avec 24 186 véhicules produits. La Z4 M participe à hauteur de 1 438 unités à cet excellent résultat dont 739 coupés. La M3 demeure le best-seller de la famille M avec dix-huit mille véhicules vendus. Présenté en décembre de cette année-là, mais commercialisé au printemps 2009, le nouveau roadster Z4 se convertit au toit rigide, mais il renonce à la variante M, évincée en raison de la crise économique mondiale qui a fait chuter les principaux marchés. Pas question en revanche de sacrifier les versions M des X5 et X6. Ces véhicules de loisir ont le vent en poupe, notamment sur les plus gros marchés mondiaux. Et les automobilistes américains et chinois plébiscitent surtout les versions puissantes et vitaminées. C'est ainsi qu'en avril 2009 BMW révèle les déclinaisons M de ces deux SUV pour barrer la route aux versions les plus puissantes de la Porsche Cayenne et à la Mercedes ML AMG. Les deux premiers SUV M de l'histoire étrennent une évolution du V8 à injection directe de 4 395 cm^3. Doté pour la première fois d'un collecteur d'échappement desservant les deux rangées de cylindres et de la technologie Twin Turbo Twin-Scroll, ce V8 M développe une puissance de 550 ch à 6 000 tr/min et un couple maximal de 680 N.m constant de 1 500 à 5 650 tr/min. Les liaisons au sol sont revues pour s'adapter aux performances d'engins capables de passer de 0 à 100 km/h en 4,7 secondes et d'atteindre 275 km/h avec le pack M Driver optionnel. La transmission intégrale intelligente assure une répartition variable du couple entre les roues avant et arrière tandis que le contrôle dynamique de la transmission gère la répartition du couple entre les roues arrière. Avec le changement de génération des X5 et X6, les déclinaisons M bénéficient d'un programme de bonifications. Le V8 M TwinPower Turbo débite 575 ch et un couple de 750 N.m. De nouvelles références sont établies en matière de performances : le 0 à 100 km/h est abattu en 4,2 secondes.

À l'occasion du passage à la nouvelle génération du X5 et du X6, les variantes M sont reconduites. Le V8 M TwinPower Turbo produit désormais une puissance de 575 ch et un couple de 750 N.m.

DES PETITES M

S'il n'est plus question de raviver la flamme du roadster M, le rayonnement de BMW M GmbH nécessite d'emprunter de nouveaux chemins. L'émulation avec les autres constructeurs allemands, notamment Mercedes qui a décidé de décliner une variante AMG de chaque véhicule de sa gamme, amène Motorsport à développer une version M du coupé Série 1. Le projet accouche d'un cocktail détonant durant l'hiver 2010. Sous des formes agressives, la Série 1 M Coupé s'appuie sur un six-cylindres à injection directe d'essence de 2 979 cm^3 dopé par une paire de turbos pour débiter 340 ch à 5 900 tr/min. Le couple de 450 N.m constant de 1 500 à 4 500 tr/min culmine à 500 N.m avec la fonction Overboost qui s'active depuis le bouton M situé sur le volant. La M3 à moteur V8 est battue. Les accélérations et les reprises placent la Série 1 M Coupé au sommet de la hiérarchie des voitures de sport. Le 0 à 100 km/h est franchi en 4,9 secondes et l'exercice du 80 à 120 km/h sur le sixième rapport de la boîte manuelle ne requiert que 6,1 secondes. Ce coupé aux performances exceptionnelles n'est disponible qu'en trois coloris : blanc alpin uni, noir saphir métallisé et orange Valence métallisé.

Lorsqu'elle est présentée durant l'hiver 2010, la Série 1 M apparaît comme la digne héritière des premières M3 à quatre-cylindres. Ce coupé associe une carrosserie bodybuildée à un six-cylindres à injection directe d'essence de 2 979 cm^3 dopé débitant 340 ch grâce à une paire de turbos.

Durant l'année de son centenaire, BMW commercialise le successeur de la Série 1 M. Baptisé M2, ce nouveau coupé élaboré à partir du coupé Série 2 n'est pas le plus puissant de sa catégorie (370 ch) mais il est le seul à rester fidèle au six-cylindres, au profit de l'agrément.

BMW INDIVIDUAL, UN UNIVERS SUR MESURE

Au début des années 1990, le catalogue des options ne suffit plus à contenter une clientèle devenue de plus en plus exigeante. BMW crée ainsi le programme Individual. Le couturier Karl Lagerfeld et le ténor José Carreras font partie des premiers clients. Supervisée par BMW Motorsport, cette activité s'appuie sur un catalogue de finitions exclusives, depuis les peintures jusqu'aux garnitures intérieures et à la couleur des cuirs, en passant par l'intégration d'équipements de confort et d'agrément. Installation informatique, système d'info-divertissement, montre de haute précision, hi-fi sophistiquée, espace bar: la liste est variée des coquetteries demandées par la clientèle. Le nuancier extérieur offre jusqu'à cent teintes différentes. La personnalisation pourra alors être renforcée par une ligne de couleur peinte à la main, le blason ou les armes de la famille du commanditaire. À l'arrivée, BMW Individual donne naissance à des véhicules uniques. Environ vingt mille véhicules passent ainsi chaque année dans la manufacture, où le travail manuel est érigé en art. Avant chaque réalisation, le constructeur prend soin de vérifier que les demandes répondent aux exigences de sécurité et soient en accord avec la législation. Limitée au départ à la Série 7, le programme de personnalisation Individual s'est progressivement étendu à d'autres modèles de la gamme.

DES MODÈLES M PERFORMANCE

À l'écoute permanente de l'évolution de ses marchés, BMW est arrivé au constat qu'il existait une place pour une nouvelle famille de produits badgés M Performance. Arborant toujours les trois bandes M GmbH, les enfants de la nouvelle entité revendiquent un caractère bien trempé sans pour autant empiéter sur la sportivité exacerbée des versions M. Les membres de la famille M Performance résolvent une nouvelle équation : des performances dignes des modèles M, mais une sobriété et une discrétion supérieures. C'est ainsi que ce programme haut en couleur accouche d'un six-cylindres en ligne turbo diesel qui bouleverse les idées reçues. Avec 381 ch, cette offre inédite se paie le luxe d'égaler la puissance des meilleurs V8 à essence de la catégorie et de reléguer à plusieurs longueurs ses rivales directes. Sa botte secrète : des injecteurs piézo-électriques fonctionnant sous une pression de 2 200 bars grâce à des pistons plus résistants et une suralimentation Twin Turbo à étages s'appuyant, c'est une première, sur trois turbos. Le premier, un petit module à géométrie variable et basse pression, souffle immédiatement et entraîne dès les plus bas régimes un plus gros à haute pression. À partir de 2 700 tr/min, un troisième turbo de gabarit identique au premier entre en action. Pour situer la prouesse, le travail des motoristes se traduit par un couple titanesque de 740 N.m, constant de 2 000 à 3 000 tr/min, et un rendement incroyable de 127,3 ch/litre. Le plus impressionnant est que les performances ne sont pas obtenues au détriment de la sobriété. Dans le cas de la M550d, la consommation normalisée ressort à 6,3 litres aux 100 km et les performances imposent le respect. Le 0 à 100 km/h abattu en 4,7 secondes et le 1 000 mètres départ arrêté franchi en 23,7 secondes situent la santé de cette mécanique accouplée à la boîte automatique à huit rapports. Pour digérer l'avalanche de couple et conserver la motricité en toutes circonstances, la transmission intégrale est de série. Cette mécanique endiablée est associée à quatre carrosseries : la Série 5 (berline et break), le X5 et le X6.

Entre les modèles de série et la famille Motorsport, BMW a imaginé une gamme M Performance. Ces modèles adoptent leurs propres codes permettant à une clientèle d'accéder aux performances de moteurs vitaminés tout en préservant une esthétique discrète.

LA CONVERSION AU TURBOCOMPRESSEUR IMPOSÉE PAR LA RÉGLEMENTATION

Érigée en règle absolue depuis la naissance du département Motorsport, la culture du moteur atmosphérique vit ses dernières heures à la fin des années 2000. Le durcissement des normes de dépollution et la traque du CO_2 imposent de réduire la cylindrée des moteurs et le nombre des cylindres. En revanche, pas question de marquer le pas en termes de puissance. Dans la course effrénée à la maîtrise du haut de gamme auquel se livrent les trois constructeurs allemands, c'est une affaire aux ressorts autant psychologiques que technologiques. Venu au turbocompresseur plus par nécessité que par appétence, BMW relève pourtant le challenge avec panache. En découvrant les caractéristiques de la nouvelle M5, les puristes sont soulagés.

⊕ UN DOWNSIZING À LA FAÇON M

Les motoristes ont honoré leur réputation. Le turbocompresseur est devenu l'allié efficace de la recherche de la puissance. La cinquième génération de la M5 s'offre 10 % de puissance et 30 % de couple supplémentaires pour une consommation abaissée de 30 %. L'objectif est rempli. Le sensationnel V10 a cédé sa place au V8 qui anime déjà les X5 M et X6 M. Présenté dans une version remaniée, ce bloc développe ici 560 ch entre 6 000 et 7 000 tr/min. Le couple franchit un nouveau cap en passant de 520 à 680 N.m de 1 500 à 5 750 tr/min. Le rendement établit un nouveau record à 127,3 ch/litre alors que la consommation suit une courbe inverse à la puissance. De 14,8 litres aux 100 km en cycle mixte avec le V10, elle est abaissée à 9,9 litres, soit des émissions de CO_2 contenues à 232 g/km. Ce résultat spectaculaire s'appuie sur l'adoption (une première) de la distribution entièrement variable des soupapes d'admission Valvetronic, du système double Vanos de calage en continu des arbres à cames, du *stop and start* et de la récupération d'énergie au freinage. L'injection directe d'essence High Precision Injection participe aux progrès, assurant une combustion homogène en injectant jusqu'à 200 bars et de manière optimale le carburant dans la chambre de combustion. Toujours à sept rapports, la transmission répond désormais à l'architecture double embrayage. Les temps de réponse ont encore été réduits. Afin de transmettre efficacement la puissance aux roues arrière, la M5 accueille un différentiel actif répartissant le couple entre les deux roues, avec un taux de blocage qui varie de 0 à 100%. Ce système communique en permanence avec la centrale électronique qui gère les paramètres de contrôle de stabilité DSC, de la direction, du moteur, de la boîte et de l'amortissement piloté. Comme une voiture de course, l'ensemble de ces organes est modulable à volonté selon l'envie et l'humeur du conducteur et deux conducteurs différents peuvent paramétrer et mémoriser leurs préférences. Chaque configuration est

Le début de la décennie 2010 marque un changement d'ère. Pour se conformer au durcissement des normes de dépollution, BMW Motorsport cède aux sirènes de la suralimentation. Après la M5, la M6 déclinée en coupé, cabriolet et GranCoupé quatre portes se convertit à son tour au V8 turbocompressé. Moins expressif que le V10, le V8 donne de la voix à certains régimes et en fonction de certaines situations.

ensuite accessible à partir d'une touche de raccourci. Le niveau des performances illustre la vigueur du V8. Le 0 à 100 km/h est accompli en 4,4 secondes. Les 200 km/h sont atteints en 13 secondes. À l'occasion des trente ans du modèle, BMW Motorsport a commercialisé une version affichant 600 ch à 6 250 tr/min et un couple de 700 N.m. Cette version inclut une direction plus directe et un châssis surbaissé de 10 mm et passablement rigidifié.

Arrivée avant l'été 2012 avec le V8 turbo de la M5, la nouvelle génération de la M6 déclinée en coupé, cabriolet et Gran Coupé profite des dernières évolutions de la berline sous l'appellation "package compétition". Avec ses 600 ch, le coupé M6 passe de 0 à 200 km/h en 11,8 secondes.

⊕ LE COUPÉ M3 DEVIENT M4

Commercialisée depuis la fin du premier semestre 2014, la M3 répond à la nouvelle organisation de la gamme décidée par le constructeur. Lorsqu'elle prend l'apparence d'un coupé, la M3 se prénomme ainsi M4. Ce duo de choc représenté par la berline M3 et les coupés et cabriolets M4 a marqué le retour en fanfare du six-cylindres en ligne. Pour préserver un niveau de puissance décent face à une concurrence qui ne relâche pas ses efforts, le 3 litres bavarois s'est converti, à son tour, au double turbo. L'amateur de performances ne perd pas au change. La puissance augmente de 11 ch, le couple de 150 N.m tandis que la consommation chute de 25 %. Les M3 et M4 délivrent 431 ch de 5 500 à 7 300 tr/min tandis que le couple s'établit à 550 N.m sur une large plage de régimes, de 1 800 à 5 500 tr/min. Avec cette nouvelle génération, BMW met un frein à une hausse de poids continue. En adoptant des matériaux légers, fibre de carbone et composites pour le toit, le couvercle de malle arrière et l'arbre de transmission, aluminium pour le capot moteur et les ailes avant ainsi que pour certains éléments des trains roulants, la cure d'allégement avoisine 80 kg. La M4 ne dépasse pas 1 497 kg. Avec la boîte double embrayage DKG à sept rapports proposée en option, les M3 et M4 deviennent alors les meilleures sprinteuses de l'histoire

Dans le courant de l'année 2014, le lancement de la nouvelle M3 s'accompagne d'une nouvelle terminologie. La M3 désigne la berline tandis que la M4 signe la carrosserie coupé. Ces deux modèles abandonnent à leur tour le moteur atmosphérique. Le V8 cède sa place à un six-cylindres en ligne turbo de 431 ch. À l'occasion du concours d'élégance de Pebble Beach en août 2015, BMW a dévoilé une M3 GTS Concept dont une version de série de 500 ch produite en série limitée a été annoncée pour 2016.

BMW avec un 0 à 100 km/h abattu en 4,1 secondes. Toujours plus efficace et équilibrée en conduite sportive, la cinquième génération des M3 et M4 a pu compter sur la participation des pilotes de DTM, Bruno Spengler et Timo Glock, lors des séances de mise au point effectués sur la *Nordschleife* du Nürburgring. Annoncé par la M4 faisant office de *safety car* dans les épreuves du championnat Moto GP 2015, le concept M4 GTS révélé lors du fameux concours d'élégance californien de Pebble Beach, en bordure du Pacifique, a montré que le six-cylindres en ligne connaissait une importante marge de progression. Nettement moins discret que ses sœurs, ce prototype préfigure une version commercialisée en 2016. Campée sur des roues de 20 pouces de diamètre chaussées des pneumatiques performants Michelin Sport Cup 2, la GTS exhale le parfum de la course. L'aérodynamique soignée repose sur un capot moteur en matériaux composites qui est doté d'une large prise d'air pour augmenter l'appui sur l'essieu avant. Une lèvre aérodynamique à l'avant et un aileron arrière en fibre de carbone complètent le dispositif. Les feux arrière étrennent la technologie OLED, des diodes électroluminescentes organiques. Cette mise en scène sert un chef-d'œuvre mécanique. La GTS recourt à l'injection d'eau déjà expérimentée par le *safety car* M4.

Ce système repose sur la vaporisation de l'eau dans le collecteur d'admission d'air du moteur, à proximité immédiate des chambres de combustion, dans le but de retarder l'apparition du cliquetis et d'entraîner une augmentation simultanée de l'avance à l'allumage et de la pression de suralimentation. BMW envisage une hausse de puissance de 10 % et une réduction de la consommation de 8 %. Dans la version produite en 2016 en série limitée, le six-cylindres de 3 litres développera une puissance incroyable de 500 chevaux.

15

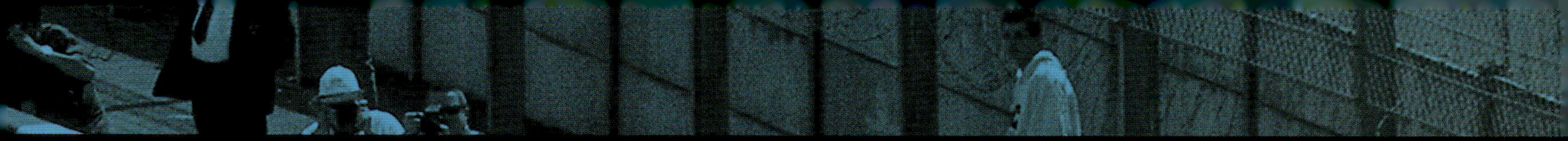

8

LA COURSE DANS LES GÈNES

Au gré des circonstances et des opportunités, des périodes et des besoins, BMW s'est illustré dans toutes les disciplines du sport automobile. A chaque fois, son engagement a permis de mettre en lumière les dispositions sportives de ses modèles de série, sa maîtrise technologique et le dynamisme de l'entreprise. Erigé en culture d'entreprise, son engagement sportif nourrit une grande partie de son prestige.

LES SPORTS ET PROTOTYPES

La compétition coule déjà depuis longtemps dans les veines de la Bayerische Motoren Werke lorsqu'un roadster 328 prend la route du circuit du Nürburgring au mois de juin 1936 pour participer aux courses de l'ADAC "Eifelrennen". BMW compte à son actif des records dans les airs mais aussi en moto. Le pilote motocycliste Ernst Henne s'assure, en 1937, à 279,5 km/h un record du monde qui va tenir durant quatorze ans. Un exploit qui en appelle d'autres.

Depuis l'élection d'Adolf Hitler au poste de chancelier, l'industrie automobile allemande devient l'un des fers de lance de sa politique et de sa propagande. Il encourage les constructeurs à retrouver leur prestige et à étaler leur puissance. Mercedes avec ses W25 puis W125 surnommées les Flèches d'Argent domine les courses de voitures de Grand Prix. Pas rassasié, la marque à l'étoile partage aussi les records de vitesse avec Auto Union. La faute à des finances limitées, BMW n'a pas les moyens de suivre ses deux compatriotes sur le même terrain. Grâce à des voitures bien nées, il réussit cependant à tirer son épingle du jeu dans la catégorie des "Sport 1 500 cm^3". Aiguillonné par le magazine Motor und Sport qui écrit que "les machines de course qui permettent de défendre les couleurs allemandes avec succès à l'étranger ne peuvent être conçues qu'à partir d'une voiture de sport normale", l'ingénieur Fritz Fielder démontre une ambition décuplée et se lance dans la conception d'une voiture de sport à partir du roadster 319/1. Le six cylindres en ligne porté à deux litres affiche la puissance de 80 ch à 5 000 tr/min. Habillé d'une carrosserie élégante et aérodynamique, le nouveau roadster fait donc sensation lors de sa première apparition dans le massif de l'Eifel. A son volant, Ernst Henne, l'homme le plus rapide du monde au guidon d'une BMW, éclipse ses adversaires de la catégorie "Sport" à 105 km/h de moyenne. Pour situer la performance du prototype de la 328 (châssis n°85001), l'Auto Union de Bernd Rosemeyer remporte le classement général à 117 km/h de moyenne. BMW ne pouvait rêver meilleure rampe de lancement pour afficher sa maîtrise technologique et les dispositions sportives de ses modèles. L'exploit est d'autant plus considérable que la première voiture BMW n'est apparue que trois ans plus tôt. L'expérience de BMW en matière de construction automobile est donc extrêmement limitée. Légère et homogène, la 328 impose de nouvelles référence en matière de voitures de sport. Elle devient l'arme absolue, que ce soit dans sa catégorie ou dans certaines épreuves de renommée

La 328 débute sa carrière par une victoire. Ernst Henne remporte la catégorie Sport sur le circuit du Nürburgring en 1936.

mondiale et le symbole personnalisant le mieux l'identité de la marque bavaroise. Les voitures destinées à la compétition sont prélevées directement sur la chaîne de l'usine d'Eisenach et envoyées au service compétition de Munich où elles reçoivent une série d'améliorations. De nombreux pilotes l'adoptent : le prince Bira, le baron von Hanstein, le comte Lurani, Sammy Davis, Sir Stirling Moss. La 328 s'illustre sur tous les terrains : courses de côte, rallyes, sprint ou courses d'endurance. Davis établit un record de l'heure à plus de 160 km/h sur l'autodrome de Brooklands en 1937. En Grande-Bretagne, les Frazer-Nash, nées 328, s'offrent le tiercé dans le Tourist Trophy.

⊕ DES DÉBUTS ÉCOURTÉS DANS LA SARTHE

Annulée en juin 1936, en raison d'un mouvement de grèves d'une ampleur sans précédent qui paralyse le pays, la course des 24 Heures du Mans figure l'année suivante au programme de BMW. Trois voitures défendent ses couleurs. L'usine aligne Fritz Roth et Uli Richter. Blanche comme la voiture officielle, la Frazer Nash est confiée à Aldington et à Fane. Elle fait équipe avec Par Fairfield qui a engagé sa Frazer personnelle, vert anglais et conduite à droite. La première participation de BMW dans la Sarthe vire au cauchemar. Au 8ème tour, plusieurs véhicules sont impliqués dans un accident à Maison Blanche dont la Frazer de Fairfield et la 328 de Ruth. Le pilote allemand a perdu la moitié de ses dents. Fairfiled décède dans la soirée. La troisième abandonne sur la casse de son moteur. L'année suivante, BMW fait l'impasse sur Le Mans et concentre ses efforts sur les Mille Miglia et les 24 Heures de Spa-Francorchamps. En Italie, l'équipe allemande rafle les trois premières places de sa catégorie, synonymes de 8e, 10e et 11e places. Dans les Ardennes, la Coupe du roi récompense les 328 arrivées groupées au 3e, 4e et 5e rang. Maintenant que l'on sait les roadsters capables de tenir deux tours d'horloge, il est temps de revenir dans la Sarthe. Ernst Loof, directeur sportif de la marque, lève le dernier obstacle en obtenant le feu vert de la direction.

⊕ DES 328 PROFILÉES EN ITALIE

Alors que la période est marquée par de nouvelles recherches dans le domaine de l'aérodynamique, Loof rêve d'habiller le châssis tubulaire de la 328 d'une carrosserie profilée de coupé. Les commerciaux, toujours soucieux de voir courir des véhicules semblables à celles qu'ils doivent vendre à la clientèle, s'opposent au projet. La direction tranche en imposant que le coupé "spécial" ne prenne pas un seul gramme supplémentaire.

Entre 1937 et 1939, de nombreuses 328 participent aux 24 Heures du Mans.

Réputé pour son brevet Superleggera, le carrossier Touring de Milan est chargé de la réalisation du coupé. Il installe un léger treillis tubulaire sur lequel repose une carrosserie en aluminium. Avec une puissance portée à 100 ch, le coupé Touring peut atteindre 210 km/h dans la ligne droite des Hunaudières. Bien qu'ils souffrent de la chaleur étouffante régnant dans l'habitacle, le prince Max von Schaumburg Lippe et son équipier Fritz Wencher amènent le coupé à la 5e place au général et à la première place en catégorie 2 litres. Les 7e et 9e places des deux roadsters récompensent une organisation déjà redoutable. L'invasion de la Pologne par les troupes allemandes et l'entrée en guerre de la Grande-Bretagne en septembre 1939 remisent les projets sportifs chez la plupart des constructeurs, sauf à Munich. Cinq Touring, deux coupés et trois roadsters sont envoyés à Brescia début 1940 pour le départ du "Gran Premio della Miglia", des Mille Miles raccourcis organisés sur les 165 km à couvrir neuf fois (total 1 485 km) d'un triangle Brescia-Cremone-Mantoue-Brescia. Le coupé expérimental dessiné par Manfred Kempter selon les préceptes de Wunibald Kamm affiche une puissance de 125 ch. Véhicule le plus performant de l'armada BMW, il renonce sur problème d'alimentation. La victoire revient au coupé du Mans repeint en gris acier et confié à Von Hanstein et Baumer. Les trois autres roadsters s'échelonnent aux 3e, 5e et 6e places. On ne devait plus revoir les 328, l'Europe se retrouvant dans la tourmente de la guerre. Toutefois, en septembre 1940, BMW envoie tout de même ses trois barquettes Mille Miglia au fin fond de la Roumanie pour une course annulée à la dernière minute. Les voitures retournent à Munich où elles sont remisées dans une annexe du service compétition. En dépit de l'enlisement de la guerre, la collaboration avec Touring se poursuit avec la confection d'un spider 328 *"intregrale profilata al vento"* pour les Mille Miglia de 1941 qui n'eurent pas lieu. A la fin des hostilités, H.J. Adlington se rend à Munich et se fait offrir un des spiders de course des Mille Miglia. Il séjourne ensuite au cœur des Midlands, près des usines Jaguar. Il se dit que Sir William Lyons a alors eu tout loisir de s'en inspirer pour concevoir la Jaguar XK120 révélée en 1948. Si l'apparition de voitures plus modernes et plus performantes éloigne définitivement la 328 des circuits, en l'espace de quatre ans (1936-1940), la Sport 2 litres aura décroché pas moins de 131 victoires de classe et 45 victoires au général.

Son avenir assuré, BMW revient progressivement à la compétition avec la Nouvelle Classe dans les années 1960. La politique maison privilégie l'engagement de voitures dérivées des modèles de série. Maintenir le lien entre la route et la course est essentiel pour le constructeur. Parallèlement à un engagement indéfectible dans les courses de tourisme, Munich décide de se tourner vers les prototypes au milieu des années 1990.

Le coupé 328 victorieux aux Mille Miglia de 1940.
Des maquettes de spider 328 pour des essais en soufflerie chez Touring.

LE MANS SUR LA CARTE DE VISITE

Par le biais des McLaren GT, BMW est revenu au Mans avec le succès que l'on sait. Mais les honneurs sont allés à l'artisan de Woking. A Munich, on rêve désormais d'une victoire complète, sous sa propre bannière. Le 8 septembre 1997, BMW annonce la signature d'un partenariat avec l'écurie anglaise Williams. Dans la corbeille de mariage, il y a la participation au Mans dès l'année suivante avec des barquettes accueillant le V12 dérivé de celui des McLaren et, à partir de la saison 2000, le retour en F1. Ce programme complet s'articule autour d'une nouvelle unité de fabrication implantée à Grove, près du site de Williams. Deux exemplaires débutent dans la Sarthe en juin mais ils ne sont pas de taille à contester la suprématie des Porsche 911 GT1. Pour 1999, BMW construit trois nouveaux châssis complètement revus et corrigés. Cette fois, BMW peut rêver de victoire. Le proto V12 LMR se montre suffisamment fiable et performant pour caracoler en tête à la mi-course. A 11 heures du matin, le camp bavarois retient son souffle. JJ Lehto sort de la piste dans la nouvelle portion, à la suite de la défaillance d'un amortisseur. La voiture sœur de Yannick Dalmas, Joachim Winkelhock et Pierluigi Martini hérite du commandement qu'elle ne quitte plus jusqu'au drapeau à damiers malgré la pression de la Toyota de Katayama. La victoire de BMW revêt une saveur particulière. L'édition 1999 comptait un nombre important de prétendants à la victoire. Dalmas porte à quatre le nombre de ses victoires dans la Sarthe mais il racontera plus tard que Gerhard Berger n'a même pas eu une parole de félicitations pour les vainqueurs. L'ancien pilote devenu directeur de la compétition chez BMW Motorsport avait misé sur la victoire de la n° 17.

BMW touche au but en 1999 en remportant les 24 Heures du Mans avec le prototype V12 LMR n° 15.

LES GT ET LES TOURISMES

Parmi tous les constructeurs automobiles, BMW possède l'un des plus impressionnants palmarès sportifs en catégorie Tourisme et GT. Cette page commence à s'écrire au lendemain du Second conflit mondial. Bien qu'au bord du gouffre à la fin des années 1950, BMW trouve les ressources nécessaires pour engager la petite 700. Le sport constitue effectivement un complément indissociable d'une technicité sans cesse mieux affirmée. Animée par un bicylindre boxer de 697 cm³ dérivé de la production moto, la 700 Sport collectionne les victoires dans les épreuves pour voitures de Tourisme : 12 Heures de Monza, 6 Heures d'Hockenheim, victoire à l'indice de performance au Tour Auto. Alors qu'il est âgé de 65 ans, Hans Stuck Sr lui apporte également le titre de championne d'Allemagne de la montagne en catégorie Tourisme. A partir d'une 700, le service compétition développe même une barquette 700 RS. C'est au volant d'une 700 que l'importateur belge lui met à disposition, pour le récompenser de son titre national sur une moto Zündapp, que Jacky Ickx débute sa carrière sur quatre roues. Ironie de l'histoire, le jour où il touche la 700 S, il ne sait pas encore conduire. Visiblement, il apprend vite puisque quelques jours plus tard, sa première course se solde par le meilleur temps des essais et un superbe tonneau en course devant une caméra de la télévision nationale. Cette cabriole passe en boucle sur le petit écran et lui vaut de se tailler une belle notoriété.

⊕ LE DÉBUT D'UNE SUCCESS-STORY DANS LES ARDENNES BELGES

En 1961, l'apparition de la berline 1500 ouvre la voie à des ambitions plus élevées. Ce nouveau modèle se positionne sur le marché de la berline sportive. Avec la 1800 Ti, Alex von Falkenhausen, le responsable du département compétition, et le jeune motoriste Paul Rosche décident de passer aux travaux pratiques. Une version compétition baptisée TISA est introduite en 1964. A l'instar d'une certaine Ferrari 250 GTO, les acheteurs de TISA sont triés sur le volet et doivent posséder une licence sportive. Le montage de deux carburateurs Weber 45 double corps permet d'afficher 160 ch. Produite à seulement 200 exemplaires, cette voiture qui s'illustre dans les courses de Tourisme ouvre le score de BMW aux 24 Heures de Spa-Francorchamps en 1965 avec l'équipage Pascal Ickx

La berline de la Nouvelle Classe marque le début de la suprématie de BMW dans les épreuves de Tourisme.

et Gérard Langlois von Ophem. Un succès confirmé l'année suivante avec le titre de champion d'Europe des Tourisme pour Hubert Hahne. Durant cette saison, l'allemand enlève aussi les 24 Heures de Spa avec Jacky Ickx, au volant d'une 2000 Ti. Alors qu'il fête son jubilé, le constructeur peut s'appuyer sur un nouvel atout depuis le salon de Genève : la "02". Dès 1967, de multiples préparateurs, au premier rang desquels figurent Alpina et Schnitzer, transforment le coupé en redoutable machine de course. Dieter Quester est sacré Champion d'Europe en 1968 avec une 2002 TI.

⊕ AVEC LES COUPÉS 3.0, CAPRI C'EST FINI

En 1970, jamais deux sans trois, Alpina fait gagner un coupé 6-cylindres 2800 CS à Spa. Pour rivaliser avec les Ford Capri qui commencent à imprimer leur supériorité dans les courses de Tourisme, les 2002 Ti et 2002 Tii ne suffisent plus. BMW passe à la vitesse supérieure en fournissant une assistance aux officines Alpina et Schnitzer pour la préparation des coupés 3.0 CS dans le cadre du Championnat d'Europe des voitures de tourisme. En octobre 1971, l'avant-dernière épreuve de la discipline réunit sur le circuit Paul Ricard un plateau de rêve. Outre les principaux leaders du championnat, quatre pilotes de F1 – Beltoise, Ickx, Hill et Surtees – se sont engagés, attirés par le montant des primes s'élevant à 37 millions de francs. Les équipages BMW malgré leur pointe de vitesse sont mis en déroute par les Ford Capri et l'organisation irréprochable mise en place par leur directeur sportif, l'ancien pilote Jochen Neerpasch. C'est la goutte d'eau qui fait déborder le vase. Depuis que six succès sur huit épreuves lui amènent le titre 1971 sur un plateau, avec Dieter Glemser et sa Capri, et qu'il récidive début 1972 avec la victoire de l'une de ses Capri RS lors de la manche inaugurale de Monza avec la paire Jochen Mass-Gérard Larrousse, Jochen Neerpasch est devenu la bête noire de l'état-major de Munich. La meilleure manière de le neutraliser est encore de le débaucher. Le transfert devient une réalité après la seconde manche disputée le 16 avril sur le circuit autrichien de Salzburgring.

⊕ UNE BANDE TRICOLORE EN SIGNE DE RECONNAISSANCE

Bombardé directeur de la compétition de BMW, Neerpasch crée dès son arrivée une nouvelle structure autonome abritée sous la dénomination BMW Motorsport. Il hérite du coupé haute performance 3.0 CSL. Cette version est allégée de 200 kilos grâce à l'utilisation intensive de panneaux en aluminium, de vitres en plexiglas, et d'un pare-chocs arrière en polyester. Focalisé sur les programmes de fourniture des moteurs en Formule 2, BMW délègue à Alpina et Schnitzer le développement de la CSL. L'essentiel des travaux porte sur une sévère cure d'amaigrissement qui permet d'économiser 180 kilos sur la bascule et la préparation du moteur avec le concours de Paul Rosche. Pas encore à 4 soupapes, le 6 cylindres, porté à 3 340 cm^3 (type M52.2) et alimenté par une injection Kugelfischer, débite 350 à 360 ch à 7 800 tr/min. En parallèle de la commercialisation de la 3.0 CSL auprès des écuries privées, Neerpasch invente le marketing sportif. Afin que les coupés officiels attirent l'œil sur les circuits, une décoration spécifique est imaginée. Les coupés peints en blancs sont entourés d'une bande tricolore : rouge, bleu foncé et bleu clair. Ces trois coloris désignent aujourd'hui encore la signature des modèles sortant de l'officine Motorsport.

Les stands BMW lors d'une course au Nürburgring en 1972.

La 3.0 CSL de Hans Stuck vole vers la victoire sur le circuit du Nürburgring en 1973.

⊕ DES PILOTES DE RENOM

Durant l'hiver 72-73, l'équipe de Neerpasch, assistée de Martin Braungart, autre transfuge de l'équipe Ford, mène une course contre la montre pour être prête à temps. Toine Hezemans et Hans-Joachim Stuck, les deux pilotes d'essais, défendent les couleurs officielles avec Dieter Quester et Chris Amon. Lors de la manche inaugurale du championnat, à Monza, après quatre heures de course, la victoire revient à la BMW 3.0 CS de Niki Lauda et Brian Miur. Les longues lignes droites de la piste italienne mettent en lumière le manque de vitesse de pointe des coupés officiels. Un package aérodynamique testé en soufflerie et reposant sur un spoiler, un aileron arrière et des ailettes sur le capot avant, à l'origine du surnom Batmobile, y remédie. Dans la Sarthe, si la n° 50 concentre tous les problèmes, la n° 51 de Quester-Hezemans suit son tableau de marche comme un métronome et se retrouve ainsi en tête de sa catégorie à minuit. L'abandon de la dernière Capri lui ouvre une voie royale. La n° 51 termine à la 11e place au général. C'est la première grande victoire du coupé BMW dans une épreuve de renommée internationale. Sur l'élan du Mans, plus de 100 000 spectateurs assistent dans le massif de l'Eifel au doublé des BMW usine au terme des six heures de course. Depuis le milieu de la saison, le six-cylindres a encore gagné en souplesse et en puissance : la cylindrée passe à 3 498 cm^{3} pour 370 ch à 8 000 tr/min. Ajoutez une fiabilité hors pair et une organisation sans faille et vous obtenez un cocktail imbattable. A l'heure du bilan, BMW empoche les deux titres, Constructeurs et Pilotes pour le Hollandais Hezemans.

⊕ LA LÉGENDE DES *ART CARS* EN MARCHE

Changement de décor à l'orée de la saison 1974. Le premier choc pétrolier impose sa loi. BMW, comme les autres, doit se résoudre à faire des économies mais il consent toutefois à participer à quelques épreuves comptant pour le championnat d'Europe. Jacky Ickx rejoint l'équipe. Il remporte avec Stuck la seconde manche du championnat de Tourisme disputée le 14 avril à Salzburg. L'année 1974 n'aura pas été de tout repos pour Neerpasch qui a dû composer avec des finances réduites et le changement de réglementation bannissant les voitures actuelles à partir de 1976. Officiels ou privés, les coupés 3.5 CSL glanent de nouveaux trophées et permettent à BMW d'ajouter deux nouveaux titres européens (Constructeurs et Pilotes) en Groupe 2 en 1975 malgré un nouveau règlement bannissant la culasse à quatre soupapes Apfelbeck. Aux Etats-Unis où BMW a décidé de s'investir officiellement par le biais de sa nouvelle filiale de distribution, les coupés 3,5 l alternent le chaud et le froid mais inscrivent les 12 Heures de Sebring au palmarès avec l'unique voiture rescapée. Au Mans, le commissaire-priseur Hervé Poulain inaugure la série des *Art Cars* avec une 3.0 CSL décorée par l'artiste Alexander Calder. A la fin de l'année, une page se ferme : Alex von Falkenhausen prend sa retraite. Karl Lange lui succède au sein du service compétition.

La 3.0 CSL de l'équipage formé par Quester et Hezemans remporte sa catégorie au Mans 1973.

En juillet 1973, le départ du Grand Prix des voitures de Tourisme sur le Nürburgring.

Le circuit du Nürburgring devient la chasse gardée du coupé 3.0 CSL. En 1973, Lauda-Joisten y remporte l'épreuve des 24 Heures, Stuck-Amon le sprint. L'année suivante, durant la manche de six heures, Stuck et Peterson testent pour la première fois l'ABS. La saison 1975 marque les débuts des *Art Cars* avec la CSL peinte par Calder.

DES "SILHOUETTES" FASCINANTES

L'année 1976 est marquée par l'apparition d'un nouveau championnat du monde des voitures de Groupe V taillé sur mesure pour les constructeurs d'Outre-Rhin. Dites aussi "Silhouettes", en référence à l'allure des voitures qui est la seule caractéristique qui les rapproche des voitures de série, cette nouvelle catégorie oppose deux marques : Porsche et BMW. Et encore, quand la firme de Zuffenhausen se présente avec une nouvelle voiture, la 935, développée spécifiquement pour le nouveau règlement, BMW se contente des Groupe 2 de 1975 remaniés. Pas pour longtemps. Avant le début des hostilités, Munich fait tourner deux modèles "Silhouettes" : une 3,5 CSL largement revue et une version turbocompressée de son coupé CSL. Essayée au Mugello, cette dernière livre des performances très comparables à celles de la Porsche-Martini. Aux Etats-Unis, BMW poursuit son engagement. Aux 24 Heures de Daytona, trois coupés 3.5 CSL dont deux préparés à l'usine

Porté à 3,5 litres, le coupé 3.0 CSL remporte les 24 Heures de Daytona 1976.

Instigateur des *Art Cars*, le commissaire-priseur parisien Hervé Poulain poursuit son partenariat avec BMW. L'artiste Frank Stella pose sa signature sur la 3.5 CSL turbo de 1976. L'année suivante, c'est au tour de Roy Lichtenchtein d'imaginer la décoration de la 320. La voiture franchit la ligne d'arrivée à la neuvième place.

selon les normes IMSA sont inscrits. Neerpasch constitue d'excellents équipages : le Britannique Brian Redman, champion en titre de Formule 5000, associé à Peter Gregg. La seconde patronnée par Coca-Cola revient à David Hobbs et Benny Parsons. La troisième est conduite par John Fitzpatrick et Tom Walkinshaw. Les coupés usine possèdent à présent un moteur à 24 soupapes disposé verticalement sous le capot et non plus incliné à gauche afin d'installer un collecteur d'échappement de plus gros diamètre qui augmente la puissance de 15 ch (470 ch).

L'APPRENTISSAGE DU TURBOCOMPRESSEUR

Avec quatorze tours d'avance sur la Porsche de Claude Ballot-Léna, Redman et Gregg gagnent les 24 Heures de Daytona. Gregg malade, Redman assure des relais de plus de quatre heures avant que Fitzpatrick soit appelé en renfort. Après ce succès, Gregg se contente d'une victoire et de cinq deuxièmes places en IMSA. Du côté du championnat du monde, face aux Porsche, les BMW ne font pas d'étincelles mais à Vallelunga, la 3.5 CSL de Harald Grohs et Hugues de Fierland monte sur la seconde marche du podium. Au Mans, parmi six CSL, on trouve une version spéciale à moteur suralimenté. Décoré par Frank Stella, le monstre est capricieux. Il ne couvre qu'un seul tour sans fumée, le temps de montrer que ses 750 ch sont capables de suivre le rythme des prototypes. Lorsque l'équipe tire le rideau, Peter Gregg console Poulain en lui chuchotant : "Pas de regrets, Hervé, c'est une voiture pour ingénieur mais sûrement pas pour pilotes."

Sur le front du championnat d'Europe des voitures de Tourisme, BMW connait plus de réussite. L'équipe belge Luigi remplit le contrat de mener Jean Xhenceval et Pierre Dieudonné au titre. Chez BMW Motorsport, l'année est dominée par un autre projet d'envergure. En coulisses, Neerpasch affûte ses armes pour affronter Porsche. Il a obtenu de la direction générale le feu vert pour l'étude d'un coupé à moteur central arrière dont l'élaboration fera appel à la sous-traitance. Des pourparlers sont ainsi engagés avec Lamborghini. La presse n'exclut pas que ce modèle reçoive une version 12 cylindres !

Bien que la conception de la future arme de BMW mobilise toutes énergies, le département compétition trouve encore les ressources pour transformer sa Série 3 en Groupe V. Face à l'offensive des Porsche 935, la CSL n'est plus de taille à lutter. Sous la bannière du Junior Team BMW composé des espoirs Eddie Cheever, Manfred Winkelhock et Marc Surer à qui Neerpasch a promis un volant en F2, une 320 Groupe 5 dispute le Championnat d'Allemagne sanctionné par trois victoires et six secondes places.

UNE BERLINETTE À MOTEUR ARRIÈRE POUR JOUER LES PREMIERS RÔLES

Au début de cette même saison, BMW annonce l'engagement aux 24 Heures du Mans d'un nouveau coupé à moteur central arrière en cours d'élaboration. Ce véhicule attendu comme le Messie pour relancer l'intérêt du championnat Silhouette doit avoir été produit à 400 exemplaires pour être homologué en Groupe IV et en Groupe V. Celle qui est baptisée M1, c'est promis, doit être révélée au salon de Genève, début mars. Finalement, BMW ménage le suspense jusqu'en avril où il adresse une photo d'une version Groupe 4 à la presse. Il prend soin de préciser qu'une variante Groupe V à moteur turbo participera au Championnat du monde des Marques. Seule entorse mais de taille, la voiture ne sera pas produite par Lamborghini comme cela avait été défini en vertu des accords signés. La firme munichoise cherche donc un nouveau partenaire capable de prendre le relais.

⊕ DES M1 EN OUVERTURE DE GRANDS PRIX

L'arrivée de la M1 se précise lors de la remise des récompenses annuelles, en décembre. La surprise de cette soirée, c'est l'annonce de la création de la série Procar, une course monotype de M1 Groupe 4 se déroulant en lever de rideau de huit Grand Prix (Belgique, Monaco, France, Angleterre, Allemagne, Autriche, Pays-Bas et Italie). Vingt-quatre M1 seront alignées dont 19 par des pilotes privées. Les cinq dernières engagées par l'usine et préparées par Ron Dennis seront confiées aux cinq meilleurs pilotes de F1 à l'issue de la première séance d'essais du Grand prix, le vendredi matin. Neerpasch a gagné son pari. La série Procar est un magnifique coup de publicité pour BMW. Les courses sont animées. Les pilotes dont plusieurs champions de la Formule 1 ne se font aucun cadeau pour le plus grand plaisir des spectateurs.

En juin, les M1 débarquent enfin au Mans. Désillusion place des Jacobins où se déroulent les vérifications techniques : la BMW-March ne passe pas le stade du premier contrôle. La M1 Groupe 4 de Poulain, peinte par l'artiste américain Andy Warhol, sauve BMW du naufrage en finissant 6e au général. Dans les premiers jours de 1980, Dieter Stappert prend sa succession de Neerpasch à la tête de BMW Motorsport. Que va-t-il décider ? Le département est occupé par l'arrivée en F1 et il hérite d'une M1 arrivée trop tard et déjà dépassée. Pas pour le grand Stuck. Au Mans, le ciel vire à l'orage ; l'Allemand livre un festival, pointant en tête durant les premières heures et s'offrant un gigantesque tête-à-queue à 300 km/h. Des pépins

Les deux premières photos officielles de la M1 Groupe 4 et de la version Groupe 5.

techniques le font rétrograder à la 15e place derrière l'autre M1 de Pironi-Quester-Mignot portant les couleurs de BMW-France.

De la 635 à la M3, la mainmise sur les épreuves de tourisme

Dans le Championnat d'Europe des voitures de tourisme, BMW reste le maître. Berlines ou coupés, les voitures de Munich représentent d'excellentes bases techniques pour développer de véritables bêtes de course performantes et fiables. En 1983, le duel Jaguar-BMW tourne à l'avantage de Munich et Dieter Quester inscrit pour la quatrième fois son nom au palmarès de la discipline. Dès son entrée en scène, la nouvelle M3, devient la voiture à battre. Elle triomphe dans tous les championnats nationaux de voitures de production. Et en championnat du monde, deux années de suite, Ravaglia impose la M3 de l'écurie Schnitzer. Les 24 Heures de Spa ne lui échappent pas non plus. Entre 1986 et 1992, la M3 apporte quatre couronnes supplémentaires à BMW. Dans le très populaire et disputé championnat allemand DTM, la M3 impose aussi sa loi : Eric van de Poele est couronné en 1987 ; Ravaglia en 1989. A la fin de la saison 1992, BMW se retire du DTM mais ne relâche pas pour autant ses efforts dans le domaine des voitures de Tourisme. En 1998, le constructeur allemand réalise le grand chelem en remportant les deux grandes épreuves de Tourisme de 24 Heures : le Nürburgring et Spa-Francorchamps. Dans le massif de l'Eifel, BMW s'impose avec une Série 3 équipée d'un 4-cylindres turbo diesel 2 litres de 200 ch. C'est la première fois qu'un moteur diesel remporte une course d'envergure européenne. Quel que soit le type de motorisation, le massif de l'Eifel, souvent surnommé l'enfer vert, sourit à BMW qui possède le record de victoires (19) depuis 1970. L'histoire des

Avant de s'engager au Mans, les M1 ont fait le spectacle en ouverture des Grands Prix de F1.
En 1980, la M1 de BMW France pilotée par Pironi, Mignot et Quester fut la mieux classée des BMW (en bas à droite).

Art Car se poursuit en 2010. Andy Priaulx, Dirk Müller et Dirk Werner partagent au Mans une M3 GT2 décorée par l'artiste Jeff Koons. Le décor explosif ne porte pas chance à la 17e *Art Car* qui abandonne après 53 tours sur panne d'essence !

⊕ LE RETOUR EN DTM

Vingt ans plus tard, alors qu'elle vient de tirer sa révérence de la Formule 1, la marque bavaroise ne manque pas son retour dans le "Deutsche Tourenwagen Masters" (DTM) où trois écuries engagent six M3. BMW réussit le grand chelem. Le Canadien Bruno Spengler est titré à la fin de l'année, BMW remporte le titre Constructeurs et Schnitzer celui des teams. En 2014, c'est au tour de la nouvelle M4 d'entrer dans l'histoire pour sa première saison grâce aux quatre victoires de Marco Wittmann.

⊕ LES GT, DE LA MCLAREN À LA M6

Quant à la catégorie GT, BMW peut s'estimer légitimement vacciné après la campagne ratée de la M1. Pourtant, la firme allemande y revient par une porte détournée, au début des années 1990. Le 28 mai 1992, dans le cadre du GP de

BMW est sur tous les fronts : aux 24 Heures de Spa- Francorchamps, en championnat du monde de Tourisme, au Mans et en championnat DTM.

Monaco, McLaren dévoile son œuvre définitive. Imaginée par le brillant ingénieur anglais Gordon Murray, la McLaren F1 révolutionne l'univers des supercars avec sa technologie, ses matériaux issus de la F1 et ses trois places centrales. Sous le capot arrière, pas de V10 Honda qui équipe à l'époque les F1 de l'écurie anglaise mais un V12 BMW provenant du projet avorté de la M8. Ce moteur d'un peu plus de 6 litres (86 x 87 mm) fournit 627 ch à 7 400 tr/min. Il arbore deux culasses à deux arbres à cames en tête et quatre soupapes par cylindre. Livrable à partir de fin 1993 et facturée la somme mirobolante de 5,3 millions de francs, la McLaren F1 ne tarde à mettre en valeur ses gènes sportifs. En 1995, le championnat BPR mais également les 24 Heures du Mans se résument à des duels de McLaren. A la faveur d'un règlement orienté GT, la berlinette anglaise de Dalmas-Lehto-Sekiya entre dans la légende du Mans. En 1997, BMW Motorsport, avec l'appui de Schnitzer, revient avec deux F1 GTR "longue queue" pilotées par des pointures. La n° 43 de Kox-Ravaglia-Helary termine 3e. Depuis 2013, BMW a repris le chemin des championnats GT européens et américains avec des Z4, en remplacement des M3. Face à une opposition musclée, le coupé athlétique à moteur V8 de 4,4 litres a immédiatement montré qu'il était bien né. Aux 24 Heures du Nürburgring, il accède à la deuxième marche du podium. Le 26 juillet 2015, devant tout le gratin de la discipline GT, la Z4 GT3 a permis à BMW de renouer avec la victoire après dix-sept ans d'abstinence dans la classique ardennaise et de porter ses trophées à vingt-deux ! Remplacée en 2016 par la M6 GT3, la Z4 clôturait ainsi sa carrière en beauté.

La Z4 GT3 victorieuse aux 24 Heures de Spa 2015.

LA MONOPLACE

Au cours des années 1960, le 4-cylindres de la berline 1500 bénéficie d'une évolution inattendue. Ce moteur, qui connaît déjà une belle carrière à son actif dans les courses de "Tourisme" avec les berlines 1800 TISA, s'avère être une bonne base pour viser de nouveaux challenges. C'est ainsi que Alex von Falkenhausen, responsable du département Moteur au sein du service compétition, et son disciple, Paul Rosche, élaborent une nouvelle variante de ce moteur dans le but d'équiper un châssis de Formule 2. À des fins expérimentales, le bloc en fonte intègre les travaux de Ludwig Apfebeck. Cet ingénieur autrichien, spécialiste des moteurs de moto, entré chez BMW en 1957, a conçu une culasse à quatre soupapes par cylindre selon une disposition radiale. Pour évaluer le bien-fondé de ces solutions, rien de vaut un essai. Un ancien châssis Brabham de Formule 1 est donc acheté pour installer le 4-cylindres Apfelbeck. Sans plus attendre, BMW engage Hubert Hahne dans une course de côte près d'Innsbruck en 1966. Dans une version portée à 2 litres, la monoplace remporte l'épreuve. Supportant difficilement les régimes supérieurs à 10 000 tr/min, la disposition radiale des soupapes est finalement abandonnée.

⊕ LE QUATRE-CYLINDRES, UN MOTEUR À FORT POTENTIEL

Durant l'hiver 1968, BMW arrive à la conclusion qu'il ne pourra jouer les premiers rôles dans un championnat de Formule 2

La BMW 270 F2 au volant de laquelle Jo Siffert a remporté l'épreuve de Rouen en 1970.

particulièrement relevé qu'en concevant ses propres châssis. Klaus Steinmetz, le responsable sportif de BMW, confie à Len Terry, qui s'est déjà illustré chez Lotus, BRM et Eagle, le soin de concevoir une monoplace dont la monocoque est réalisée près de Munich, par le constructeur d'avions Dornier. En grande partie en aluminium, la première monoplace BMW revendique un poids plume de moins de 450 kg. Malgré les efforts déployés, les résultats ne sont pas à la hauteur des espoirs. L'accident mortel de Gerhard Mitter lors des essais du Grand Prix d'Allemagne de 1969 au volant d'une BMW porte le coup fatal à un programme qui convainc de moins en moins. L'engagement de 1970 est cependant sauvé in-extrémis. Durant cette dernière saison, BMW obtient deux victoires. A la fin de la saison, le constructeur annonce son retrait de la Formule 2.

Les Français aux avant-postes

L'absence de BMW en F2 est de courte durée et en 1973, Jochen Neerpasch considère que les conditions sont de nouveau requises pour un retour dans la discipline. Depuis la saison 1972, le championnat d'Europe de Formule 2 est passé au moteur 2 litres mais, seul le moteur Ford est opérationnel. Pour enrayer la pénurie de moteurs, la Commission Sportive Automobile décide d'assouplir sa position en autorisant le montage de culasses homologuées à 100 exemplaires au lieu de 500 précédemment. Le moteur munichois développe environ 270 ch à 8 800 tr/min, soit une puissance légèrement inférieure au moteur Ford. Cela n'empêche pas le Français Jean-Pierre Jarier de dominer le championnat de F2. Pour avoir quelques chances de succéder à Jarier au palmarès de la Formule 2, le moteur BMW s'impose. C'est donc sans surprise que le plateau de F2 du championnat 1974 est essentiellement composé de March-BMW. Les deux monoplaces officielles sont confiées au Français Patrick Depailler (Elf) et à l'Allemand Hans Stück (Jägermeister). A l'issue d'une saison disputée, le titre reste dans le camp français, le clermontois étant sacré à Rome lors de l'épreuve de Vallelunga.

L'année suivante, Jacques Laffite s'impose comme l'homme fort avec sa Martini-BMW. Les deux saisons suivantes échappent à BMW mais consacrent deux pilotes français : Jean-Pierre Jabouille puis René Arnoux. Avec le concours technique et financier de BMW Motorsport, le Junior Team Polifac empoche le titre en 1978 (Bruno Giacomelli) et en 1979 (Marc Surer).

Sur la piste de Nogaro, le Brésilien Ingo Hoffmann sur l'une des deux March BMW engagées par l'écurie Project Four Racing en 1978.

LA F1 SUR TOUTES LES LÈVRES

Au cours de l'année 1979, l'arrivée de BMW en F1 devient une certitude. La firme a bien l'intention de relever le défi de la suralimentation par turbocompresseur dont Renault est le précurseur. Mais avec qui ? Jochen Neerpasch a confié à une cellule le soin de construire un moteur BMW turbocompressé en vue de le proposer aux constructeurs artisans, selon le même procédé de fourniture que celui imaginé pour la F2. McLaren pour le châssis, le cigarettier Marlboro comme partenaire et Niki Lauda se sont déjà manifestés mais le départ à la retraite du pilote autrichien fait capoter le projet. Neerpasch ne désespère pas de voir le dossier aboutir d'autant que le moteur existe et que les relations avec son employeur se détériorent. Le patron de la compétition paie visiblement les retards et le coût faramineux du programme M1. Il ne tarde pas à trouver une porte de sortie.

A la même époque, chez PSA, dont les activités européennes de Chrysler récemment acquises sont désormais abritées sous la marque Talbot, on réfléchit à une arrivée en F1. Mais avec quel moteur ? Matra s'impose comme la solution de facilité. Les deux sociétés coopèrent déjà dans le domaine des voitures de série. Sur le papier, tout semble ficelé. Sauf que Jean-Luc Lagardère, le président de Matra, n'a pas envie de replonger dans le grand bain et, que chez PSA, on estime que les retombées des succès risquent de rejaillir en priorité sur la firme de Romorantin. Alors copilote de rallye chez Peugeot, Jean Todt suggère de contacter Neerpasch. En décembre 1979, au cours de la remise des prix de la Fédération Internationale de l'Automobile à Paris, le patron de la compétition de BMW rencontre François Perrin-Pelletier, le président de PSA, qui lui signifie l'intérêt de la maison de l'avenue de la Grande Armée de rejoindre la discipline reine du sport automobile. L'échiquier se met en place. PSA débauche Neerpasch. Il vient avec les plans du moteur F1 1500 cm³ qu'il a personnellement négocié avec BMW.

Lors de l'épreuve de F2 de Misano 1979, on reconnaît Ron Dennis. L'Anglais rêve déjà de F1.

Jochen Neerpasch et Paul Rosche : les deux artisans des succès de BMW en compétition durant la décennie 1970.

⊕ L'ÉPISODE AVORTÉ DE TALBOT

Le 8 janvier 1980, la veille du Grand Prix d'Argentine, Talbot annonce sa décision de se lancer dans le championnat du monde de Formule 1 à partir de la saison 1981. Le lendemain, BMW diffuse un communiqué indiquant que "Jochen Neerpasch, directeur de BMW Motorsport depuis 1973, sera engagé prochainement par la société automobile Talbot à Paris afin de créer une équipe de Formule 1. Pour mener son projet, le constructeur français bénéficiera de l'expertise de BMW en matière de mise au point de moteur turbocompressé." La réalisation de ce moteur de F1 s'appuiera sur les développements menés par BMW Motorsport. En charge du dossier côté PSA, l'ingénieur Dany Hindenoch se rend à Munich le 17 janvier pour signer le contrat. Le moteur définitif, un 4-cylindres 1 500 cm^3 doit être disponible à partir de novembre 1980 en vue de participer aux essais de Kyalami en février 1981. Parallèlement au montage technique, fin janvier, BMW envoie un premier projet de contrat à PSA qui le fait étudier par sa direction juridique. C'est alors que Neerpasch apprend qu'à Munich, la fourniture du moteur ne réjouit pas tout le monde. En interne, des pressions sont exercées sur la direction générale de BMW pour faire capoter l'affaire.
Au cours du mois de février, Bernie Ecclestone, propriétaire de l'écurie Brabham, et son complice Max Mosley, de passage à Paris, invitent Neerpasch à dîner. Lors de cette rencontre, Ecclestone annonce être sur le point de signer un contrat avec BMW pour équiper ses Brabham d'un moteur turbo. Immédiatement informé de la situation, M. Perrin-Pelletier donne l'instruction de mettre en place une opération survie.

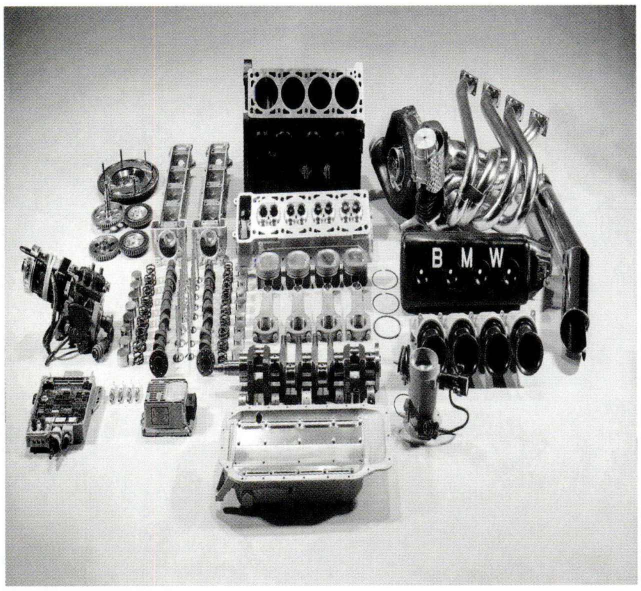

Dans le même temps, il prend sa plus belle plume pour signifier au président de BMW qu'un tel reniement n'est pas digne d'un grand constructeur. Le 11 mars, faisant comme si tout allait bien, Neerpasch reçoit la presse spécialisée pour annoncer l'engagement de Hugues de Chaunac, le patron de l'écurie de course ORECA, au poste de directeur d'exploitation de la nouvelle écurie.
Le 12 mars, von Kuenheim répond au président de PSA en prenant soin de préciser les raisons qui ont poussé le Directoire à ne plus livrer le moteur M12. Il déploie de nombreux arguments pour se défausser : le risque technique demeure entier à développer un moteur qui n'a encore pas fait ses preuves. Paul Rosche n'est pas assuré de tenir les délais de livraison qui lui sont imposés. Les prix ne peuvent pas être maintenus. La complexité du projet nécessitera certainement le lancement d'une nouvelle étude. BMW ne peut pas non plus exclure les retombées néfastes, en termes de la communication, que comporterait l'utilisation par Talbot de son savoir-faire et de technologies issues de ses modèles de série. Pour solder le différend, les deux capitaines d'industrie se rencontrent le 14 mars dans un salon privé de l'ancien aéroport du Bourget. Le 20 mars, BMW publie un communiqué annonçant l'échec des négociations avec Talbot, sans pour autant dévoiler l'accord avec Ecclestone.
De son côté, Neerpasch essaiera bien de sauver ce qu'il peut encore l'être en proposant un accord Talbot-Brabham mais les négociations s'éternisent et achoppent. Talbot signe un protocole d'accord avec l'écurie française Ligier. Brabham confirme qu'il a acquis les droits exclusifs du moteur BMW pour la saison 1981.

UNE MISE EN ROUTE LABORIEUSE

Le moteur turbo a accumulé les retards. S'il effectue sa première sortie publique lors des essais du Grand Prix de Grande-Bretagne 1981, le moteur BMW n'est pas prêt à être aligné en course et Brabham court l'ensemble du championnat avec un Ford Cosworth atmosphérique. L'écurie n'a pas à s'en plaindre puisque Nelson Piquet remporte le premier de ses trois titres à la fin de l'année. En raison d'une phase de mise au point plus laborieuse que prévue, on ne revoit le BMW turbocompressé qu'au début de la saison 1982. Alors que Renault et Ferrari ont jeté leur dévolu sur un V6, la firme munichoise a retenu la voie technique du 4-cylindres en ligne dérivé du bloc de série déjà largement éprouvé en F2. Faute de participants, la première journée d'essais du GP d'Afrique du Sud est annulée. Ce n'est que le lendemain que l'on assiste aux débuts officiels des deux Brabham BT50 propulsées par le bloc BMW annoncé à 570 ch à 10 500 tr/min et pilotées par Nelson Piquet et Riccardo Patrese. Associant une coque en aluminium et des panneaux en fibres de carbone, la monoplace dessinée par l'ingénieur Gordon Murray semble bien née : Piquet réalise le deuxième temps, son équipier le quatrième. Les mécaniques sont pourtant encore à court de mise au point et la course tourne au fiasco. Furieux, Ecclestone en tire les conséquences et décide de ressortir les anciennes BT49 à moteur Cosworth pour le Brésil et Long Beach. Le constructeur allemand se fâche et impose le retour des BT50 au GP de Belgique, endeuillé par l'accident mortel de Gilles Villeneuve (Ferrari). Dans les rues de Detroit, Piquet connaît l'humiliation de ne pas se qualifier à cause de son moteur… Quinze jours plus tard, à Montréal, la débâcle américaine est oubliée. La BT50 est transfigurée et le Brésilien offre au moteur allemand sa première victoire dans un grand prix de nouveau assombri par l'accident mortel de Riccardo Paletti.

La F1 Brabham à moteur BMW turbo effectue ses débuts publics lors du Grand Prix de Silverstone 1981. Les visages fermés de Nelson Piquet, Paul Rosche et Gordon Murray montrent l'ampleur du travail à accomplir.

LE TITRE AU BOUT DU TUNNEL

Certes, Brabham ne remporte pas d'autres victoires durant la saison 1982 mais les motoristes de l'équipe de Paul Rosche ont identifié l'origine des maux : la pompe à injection s'avère incapable de réguler le flux de carburant. Pour la saison 1983, en accord avec Bosch, BMW décide de passer à un nouveau système digital. Un autre ennui s'est manifesté sur les circuits où il faisait très chaud : le turbo était situé tellement près du réservoir que la température élevée du carburant entraînait de la vaporisation. Le mélange s'en trouvait si appauvri qu'il entrainait des ruptures de pistons. L'écurie britannique trouva la parade en faisant le plein de ses monoplaces sur la grille de départ à partir de bidons réfrigérés. Au GP d'Autriche, le freezer était descendu à -20 degrés, au lieu de -10 degrés.

BMW, MURRAY ET PIQUET : LE TRIO GAGNANT

Piqué au vif par tous les commentaires désobligeants essaimés durant l'année 1982, BMW prépare avec soin sa deuxième saison en F1. Si le choix d'un 4-cylindres issu de celui qui équipe la Série 3 a justifié la venue en F1 aux yeux de la direction générale, Paul Rosche sait qu'il s'expose à toutes les comparaisons. Le motoriste avouera après l'arrêt du programme avoir fait le tour des stocks de l'usine de Dingolfing puis des casses pour récupérer des blocs en fonte de la berline 1500 ! La fonte se stabilisant en vieillissant, ces blocs autorisaient des pressions de suralimentation plus élevées que si les motoristes avaient utilisé des blocs neufs. La culasse est plus jeune que le bloc. Elle ne fait ses preuves que depuis 13 ans. Avec deux arbres à cames en tête et quatre soupapes par cylindres, elle est strictement la même que celle de F2. Seules dérogations : le diamètre des soupapes est modifié et les sièges de soupapes sont blindées pour résister aux hautes températures des gaz d'échappement.

A Munich lors de la présentation officielle de l'écurie, la Brabham BT52 crée la surprise. Gordon Murray a donné naissance à une monoplace très audacieuse avec sa ligne en Delta effilée et sa suspension avant qui n'est plus à tirant mais à poussoirs. Le turbo a été déplacé pour éviter qu'il ne surchauffe le carburant dans le réservoir. Le moteur est désormais accouplé à une boîte très compacte à six rapports élaborée avec le concours de Getrag. Grâce à un taux de suralimentation de 2,9 bars, le 4-cylindres délivre 640 ch à 9 500 tr/min. Il est même possible pour venir à bout d'un adversaire coriace de bénéficier de 700 ch pendant quelques mètres en jouant sur la pression du turbo KKK (Kühnle, Kopp et Kausch). La voiture ne pèse que 512 kilos. Imposée par Murray depuis l'année précédente, la tactique des ravitaillements a conditionné le concept de la BT52 qui accueille un réservoir plus petit. La stratégie

Autour de Paul Rosche, toute l'équipe qui a assuré le développement du moteur de F1 M12/13.

Nelson Piquet remporte le titre de champion du Monde de F1 1983 lors de la dernière épreuve en Afrique du Sud.

Paul Rosche et Eberhard von Kuenheim célèbrent le titre F1 lors d'une soirée à Munich.

Nelson Piquet et sa fiancée prennent la pose près du circuit du Castellet.

Bernie Ecclestone, le propriétaire de l'écurie Brabham, assiste à une séance d'essais sur le circuit Paul-Ricard.

de l'ingénieur anglais paie. Piquet gagne au stand le premier grand prix de la saison, au Brésil. La suite est loin d'être un parcours de santé. Prost et Renault mais aussi les Ferrari de Arnoux et Tambay sont de coriaces adversaires. A quelques encablures de la fin du championnat, la couronne de Prost se dessine. Mais le vent tourne en faveur des monoplaces bleues et blanches. A Monza, Piquet se venge d'un sort jusque-là peu amène. A Brands-Hatch, il impose de nouveau sa loi de sorte qu'il arrive en Afrique du Sud pour le dernier grand prix de la saison avec seulement deux points de retard sur Prost. A Kyalami, on assiste à un triomphe des araignées bleu et blanc. Patrese remporte l'épreuve et en terminant troisième, Piquet revêt la couronne. BMW entre dans l'histoire en étant le premier constructeur à imposer la technologie du moteur turbo en F1.

⊕ LE MOTEUR BMW INONDE LE CIRCUS

Le titre a ouvert l'appétit de BMW. Dieter Stappert renforce sa participation pour la saison 1984 et porte à cinq le nombre de F1 à moteur BMW. Aux deux Brabham et l'ATS se joignent deux Arrows. Les McLaren de Prost et Lauda motorisées par le TAG-Porsche dominent le championnat, remportant douze des seize manches. Piquet réussit toutefois une fructueuse moisson lors de la campagne nord-américaine, offrant à huit jours d'intervalle, Montréal et Detroit à son écurie. L'année suivante, en dehors de la victoire au Grand Prix de France, les Brabham ne purent jamais émerger de l'anonymat du peloton. Pour 1986, Brabham et BMW décident de prendre des risques en tentant une nouvelle approche conceptuelle. La BT55 révolutionne les standards avec une ligne très plate qui a pour conséquence d'abaisser le centre de gravité, d'installer le pilote dans une position couchée mais qui induit aussi de modifier considérablement le moteur. Pour prendre place dans la voiture, le 4-cylindres turbo est incliné à 72 degrés. Il est accouplé à une nouvelle boîte de vitesses dont l'arbre est décalé par rapport à la voiture. Cette monoplace à l'audacieuse aérodynamique est confiée à deux italiens : Elio de Angelis et Ricardo Patrese.

⊕ LA VICTOIRE CHANGE D'ÉQUIPE

Contre toute attente, les meilleures chances de victoire du clan BMW reposent sur l'écurie Benetton. A Mexico, bien aidé par ses pneumatiques Pirelli, Berger remporte la première victoire de sa carrière. De son côté, la Brabham est délicate à piloter. En vue de préparer le GP de Belgique, le team anglais procède à une séance d'essais privés sur le circuit Paul Ricard le 14 mai. Au cours d'un run, Elio de Angelis est victime d'une violente sortie de route dans les Esses de la Verrerie après une rupture de l'aileron arrière de la BT55. Il décède le lendemain à l'hôpital de la Timone à Marseille.

A la fin de la saison, BMW se retire officiellement la Formule 1, préférant concentrer ses efforts sur les courses de Tourisme. Brabham obtient le droit de conserver le BMW couché pour Andrea de Cesaris et Ricardo Patrese. De Cesaris offre le meilleur résultat de la saison à BMW : une troisième place à Spa.

Piquet au volant de la Brabham BT53 sur le circuit de Brands-Hatch en 1984.

Avec l'écurie Benetton, le moteur BMW remporte la seule victoire de la saison 1986.

UN NOUVEAU FLIRT AVEC LA F1

Douze ans après avoir coupé le contact, BMW a de nouveau des envies de F1. Il faut dire que ce championnat offre une exposition mondiale et une vitrine technologique incomparables. Fidèle à sa politique, le constructeur allemand revient comme motoriste.

Dès septembre 1997, un accord de cinq ans, applicable à partir de 2000, est signé avec l'écurie Williams. L'écurie anglo-allemande s'impose comme la troisième force du plateau derrière Ferrari et McLaren-Mercedes. Elle vise des objectifs plus élevés. Mario Theissen, codirecteur avec Gerhard Berger des activités sportives de BMW, s'est fixé comme challenge de finir le plus de courses possibles et de gagner d'ici fin 2001. Symbole de la volonté de combler l'écart sur les top-teams, BMW a conçu un moteur totalement nouveau et technologiquement très en pointe. Paul Rosche parti à la retraite, le V10 de 2001 est l'œuvre de Heinz Paschen. Il est passé de 72 à 90 degrés. En parallèle, la FW23 de Williams a corrigé les défauts de sa devancière.

Pour la première année de son retour en F1, BMW s'est associé à Williams. Jenson Button et Ralf Schumacher sont les deux pilotes désignés pour défendre les couleurs anglo-germaniques.

⊕ DES VICTOIRES MAIS PAS DE TITRE

Côté pilotes, l'écurie possède l'une des plus belles paires du plateau en associant Juan-Pablo Montoya à Ralf Schumacher. La saison 2001 démarre sur les chapeaux de roue. A Interlagos, Montoya se promène en tête de la course lorsqu'il est percuté par un retardataire. La réussite finit par sourire à la quatrième manche. Ralf remporte le GP de San Marin. Il récidive au Canada devant la Ferrari de son frère Michael puis à Hockenheim. La combinaison Williams-BMW-Michelin fonctionne à merveille. Pour Montoya, son heure arrive à Monza.

⊕ DE FOURNISSEUR DE MOTEUR À L'ÉCURIE COMPLÈTE

Animées par un V10 P82 élevé au rang de référence, les Williams sont pourtant incapables de barrer la route à la Ferrari de Michael Schumacher. En 2002, malgré sept pole positions, BMW n'affiche qu'une seule victoire. L'année suivante, avec quatre victoires, Williams-BMW échoue à la deuxième place du championnat. A partir de 2004, l'écurie entame la descente aux enfers. Au cours d'une saison 2005 vierge de résultats, BMW décide de se séparer de son partenaire anglais et de racheter l'écurie suisse Sauber pour aligner sa propre équipe à partir de 2006. Auteur de plusieurs sorties de route spectaculaires, Jacques Villeneuve est remercié après l'Allemagne au profit de Robert Kubica. En 2007, BMW monte non seulement sur le podium mais fait débuter Sébastien Vettel en Grand Prix. A Indianapolis où il remplace Kubica, le jeune allemand termine à la 8e place et entre dans l'histoire en étant à 19 ans, 11 mois et 14 jours, le plus jeune pilote de l'histoire de la F1 à inscrire un point. Le succès se manifeste l'année suivante. Kubica signe à Montréal sa première victoire, un an après frôlé la mort sur le même circuit. Et avec Heidfeld second, BMW réalise le doublé ! De nouveau troisième du championnat, la firme à l'hélice vise plus haut en 2009. L'étude de la monoplace, qui introduit le KERS, le système de récupération de l'énergie cinétique, a ainsi démarré depuis février 2008. Malgré une affaire bien préparée, le début de saison vire au cauchemar. Les résultats faméliques de l'écurie qui pointe à la 8e place font craindre le pire. Et si BMW coupait le contact avec la F1 ? La crise économique sans précédent déclenchée par la faillite de la banque Lehman Brothers en septembre 2008 fournit à BMW un alibi en or à son retrait anticipé de la F1. Il devient officiel le 29 juillet lors d'une conférence de presse organisée par l'état-major de la marque.

Juan-Pablo Montoya puis Robert Kubica offrent à BMW ses dernières victoires en Grand Prix.

LE RALLYE

Les épreuves routières n'ont jamais été le terrain d'expression favori de BMW. Pourtant, à différentes périodes, des modèles valident leurs aptitudes sportives en rallye. Au début des années 1970, le coupé 2002, bien préparé, permet à BMW de se mettre en évidence. Si les équipages jouent souvent de malchance, Achim Warmbold remporte le rallye TAP de 1972. A la fin de la saison 1973, dans son fief autrichien, Warmbold impérial fut privé de victoire à la suite de sa mise hors course pour avoir franchi un point de contrôle mal notifié en sens inverse. A partir de 1974, l'arrivée d'une nouvelle génération de voitures sonne le glas des velléités de victoire des 2002. Progressivement, BMW Motorsport se détourne du rallye et la présence de voitures de la marque dans les épreuves routières ne devait plus relever que d'initiatives privées.

La BMW 2002 de Achim Warmbold et Jean Todt lors du rallye autrichien des Alpes de 1973.

⊕ LA M1 SUR LA ROUTE, SPECTACLE GARANTI

Le groupement des concessionnaires français est à l'initiative du retour de BMW en rallye. Après la 320 engagée pour Timo Makinen au Monte-Carlo 1980, il obtient le soutien de BMW-France pour lâcher une M1 sur les routes du championnat de France des rallyes 1982. Bernard Darniche ne parvient jamais à concrétiser et en 1983, il cède sa place à Bernard Béguin. Il domine outrageusement le Tour Auto lorsque son coéquipier, Jean-Jacques Lenne, commet la bourde de pointer avec vingt minutes d'avance à un contrôle horaire. La sanction est immédiate : l'équipage de la M1 écope de 40 minutes de pénalité. L'année suivante, la M1 termine 3e à Charbonnières et 2e à Antibes puis s'impose dans les rallyes de la Baule et de Lorraine. En 1987, Béguin évolue désormais sur une M3 préparée par David Richards. En 1989, une seconde M3 est confiée à François Chatriot. Ce dernier inscrit le titre français deux années de suite à son palmarès (1989 et 1990). Il termine même 2e du Tour de Corse 1989 derrière Didier Auriol. Mais, il ne réussit pas à égaler Béguin qui a remporté cette épreuve inscrite au championnat du monde des rallyes deux ans auparavant. Jusqu'à la fin des années 1990, des pilotes privés vont continuer d'écrire avec beaucoup de succès l'histoire en rallye de la M3.

La fascination qu'exerce la marque sur les automobilistes et plus généralement sur le public découle en majeure partie de ses succès sportifs, aussi nombreux que variés. BMW est l'une des rares constructeurs du paysage à se prévaloir d'un engagement constant en sport automobile, que ce soit dans les disciplines reines ou pour accompagner une clientèle d'amateurs aguerris.

Béguin et Lenne amènent la M3 à la victoire au Tour de Corse 1987.

La Z3 engagée dans le Trophée Andros.

Pendant près de trois saisons, la M1 engagée par BMW France a animé le championnat de France des rallyes.

ÉVOLUTION DU LOGO BMW

ÉVOLUTION DE LA CALANDRE